建筑工程与施工技术研究

赵爱波　王新钊　麻可军　著

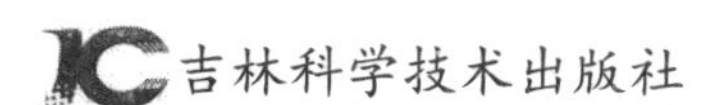

图书在版编目（CIP）数据

建筑工程与施工技术研究 / 赵爱波，王新钊，麻可军著. -- 长春 : 吉林科学技术出版社，2022.11
ISBN 978-7-5578-9610-2

Ⅰ. ①建… Ⅱ. ①赵… ②王… ③麻… Ⅲ. ①建筑施工－技术－研究 Ⅳ. ①TU74

中国版本图书馆CIP数据核字(2022)第170277号

建筑工程与施工技术研究

著　　赵爱波　王新钊　麻可军
出版人　宛　霞
责任编辑　孟祥北
封面设计　正思工作室
制　　版　林忠平
幅面尺寸　185mm×260mm
字　　数　175千字
印　　张　8
印　　数　1-1500册
版　　次　2022年11月第1版
印　　次　2023年3月第1次印刷

出　　版　吉林科学技术出版社
发　　行　吉林科学技术出版社
地　　址　长春市福祉大路5788号
邮　　编　130118
发行部电话/传真　0431-81629529 81629530 81629531
81629532 81629533 81629534
储运部电话　0431-86059116
编辑部电话　0431-81629518
印　　刷　三河市嵩川印刷有限公司

书　　号　ISBN 978-7-5578-9610-2
定　　价　90.00元

前　言

20世纪，电子技术、计算机网络技术、自动控制技术和系统工程技术得到了前所未有的高速发展，并渗透到各个领域，深刻影响了人类的生产方式和生活方式，给人类带来了前所未有的便利和利益。建筑领域也不例外，智能建筑就是在这种背景下走进人们的生活。智能建筑充分利用各种电子技术、计算机网络技术、自动控制技术、系统工程技术，开发并集成到智能设备中，为人们提供安全、方便、舒适的工作条件和生活环境，并日益成为现代建筑的主流。近年来，不难发现政府、金融、商业、医药、文教、体育、交通枢纽、法院、工厂等以现代化和信息化为基础的事业单位和行业建设的新建筑，它们都有不同程度的智力。

建筑电气工程的发展提供了广阔的领域，尤其是建筑电气工程中薄弱的电力系统。随着电子技术、计算机网络技术、自动控制技术和系统工程技术在智能建筑中的综合应用，其发展日新月异。智能建筑为其设备制造、工程设计、工程建设、物业管理等行业创造了巨大的市场，促进了对智能建筑技术人才需求的快速增长。令人欣慰的是，许多高校适应时代发展的要求，调整教学计划，更新课程内容，致力于建筑电气、智能建筑应用方向的人才培养，以适应国民经济快速发展的需要。

尽管在编撰过程中编者做出了巨大的努力，对稿件进行了多次认真的修改，但由于编写经验不足，书中恐存在遗漏或不足之处，敬请广大读者提出宝贵的批评意见及修改建议，不胜感激！

目　录

第一章　建筑工程施工技术

第一节　地下连续墙支护技术

一、地下连续墙施工

地下连续墙是在地面上，沿基坑工程外围，在泥浆保护墙的条件下，开挖一段（单位槽段）长而窄的深沟，将钢筋笼置于槽内，浇筑水下混凝土的地下连续墙，形成钢筋混凝土墙的一段。若将混凝土墙段进行组合，可形成连续钢筋混凝土墙，可作为基坑开挖的支护结构。有时也可以是“两墙合一”，即以主体结构作为承重结构。

地下连续墙作为基坑支护结构，具有以下优点：

1. 根据基坑的形状，将不同的槽单元划分为圆形、方形、条形和各种异形地下连续墙支护结构。

2. 施工过程中无土压实，无振动，对周围环境影响不大。

3. 适用于各种土层。在地下连续墙施工技术中，除岩溶地区和高压水头外，还必须将砂砾层与其他土层的其他辅助措施相结合。

4. 地下连续墙的施工是单元槽段工艺过程的重复操作，操作人员容易掌握。

5. 它可以与逆向施工相结合，加快施工进度，缩短工期。

6. 具有较好的支护和防渗性能。

地下连续墙的施工存在以下缺点：

1. 废弃土和废泥的处置增加了工程造价，如处理不当会造成环境污染。

2. 如果仅用作支撑结构，成本就会更高。

3. 现浇地下连续墙的表面不够光滑。

4. 墙体截面的施工精度和节点的防渗性能有待进一步提高。

因此，地下连续墙作为一种支护结构，其施工成本高于钻孔灌注桩和水泥土搅拌桩。

地下连续墙一般适用于软土区深度大于10m的深基坑。

在密集建筑和地下设施领域，深基坑具有较高的环保要求。

“两墙合一”，是将支撑结构与主体结构结合在一起的逆作法。

地下连续墙的施工原理与泥浆墙钻孔灌注桩相似，施工工艺相似。地下连续墙由于地下连续墙的大尺寸和各单元之间的连接，与泥浆墙钻孔灌注桩相比有其独特的施工内容。

（一）开槽机械

机械开槽是地下连续墙施工的关键工序。合适的挖泥机是高效挖槽的前提。由于地质条件的多样性，墙体的情况也不同，因此有必要结合工程的具体情况来选择墙体。开发高效的开槽机是地下连续墙施工的重要课题。目前，我国常用的挖泥机按其工作原理可分为三大类：回转式、斗式和冲击式。

1. 旋转开槽机

回转开槽机是利用旋转钻头切割土壤和土壤渣的一种设备。钻头的数量可分为单头钻头和多钻头。在地下连续墙施工中，一般采用旋转式挖掘机。

我国使用的SF-60和SF-80型多端钻具由机架、钻机、滑轮组、提升机、管道系统、重量测量、倾角测量等组成。该挖掘机采用断电、反循环排渣、电子测量纠偏、自动控制等施工技术，技术先进。钻机下面有5个钻头，它们分两层排列，相互连接。每一个钻头在工作时都是对称旋转和反向旋转的。并驱动8面侧刀（每面4面）上下运动，以去除钻头工作圈中剩余的三角形土，从而可以钻入平面为椭圆槽段。

多端钻具具有无挤土、无噪音、对槽壁干扰小、槽壁光滑等优点。尺寸更精确，吊装钢架光滑，混凝土过量使用较少。适用于软黏土、砂土和小直径砂砾石层，特别适用于建筑物密集、地下管道的地下连续墙施工。

2. 斗式挖泥船

斗式挖泥船，又称抓斗挖泥船，工作时用铲斗齿割土。同时，将土壤渣直接从槽中取出。根据传动原理，斗体可分为电缆抓斗和液压抓斗。与电缆抓斗相比，液压抓斗具有操作灵活、挖掘能力强、工作效率高等优点。

为保证开挖方向，提高开槽精度。一种措施是在抓斗上部安装导板，即成为我国常用的导板抓斗；另一种措施是在桶上安装一根长的导杆，它沿框架上的导柱上下滑动，既保证了开挖的方向，又增加了主体的重量，提高了土体的切削力。

挖斗式挖泥机施工方便，耐久性好，故障少，适用于松散的土质。对于较硬的七层，可采用钻孔法进行施工。施工中，根据抓斗的开口宽度，用潜钻凿两个导孔，孔口与壁厚相同，然后用抓斗将两个导孔之间的土移除。

3. 冲击开槽机

冲积沟挖掘机是一种挖泥船，它通过上下移动来破坏地基土，并借助泥浆将土渣从槽中运出。它不仅适用于一般土层，也适用于卵石、砾石、岩石等地层。根据头部的不同，可分为钻头冲击式和凿子式两种。我国常用的钻头冲积沟槽机。它的头是一个各种形状的钻头。污泥清洗方法主要有两种：正循环法和反循环法。

（二）地下连续墙的建造

现浇钢筋混凝土地下连续墙施工的主要工序是导流墙的施工、泥浆的配制和处理、深沟的处理、钢笼的制作和吊装、混凝土的浇筑等。

1. 导流墙施工

在地下连续墙开挖前，类似于泥墙灌注桩埋设，应建在地面导流墙上。导流墙的施工是保证地下连续墙轴向位置和开槽质量的关键工序。这是一个不可缺少的临时结构。一般来说，它是一种现浇钢筋混凝土结构，也有钢或预制钢筋混凝土装配结构（可重复使用）。钢筋混凝土导流墙底部易于与土层配合，防止泥浆流失，但预制导流墙难以实现。导流墙必须具有足够的强度、刚度和精度，必须满足疏浚机械的施工要求。导流墙在沟渠施工中起着重要的作用。

（1）导流墙的功能

作为测量的基准，对地下连续墙的施工精度进行了控制。导流墙定义了沟槽的位置，可作为测量沟槽的高度、垂直度和精度的参考。

阻塞效应地下连续墙开挖沟槽时，地表附近土体不稳定，易发生塌陷。此时，导流墙起挡土墙的作用。为了防止导流墙在土压力和水压作用下的位移，每隔1米左右在导流墙的内侧加上、下支撑（大多为50mm×100mm和100mm×100mm），如地面附近有较大荷载或机械作业时，为了防止导流墙的位移和变形，在导墙内每隔20～30m可设置一座钢闸门。

支撑载荷它不仅是开槽机械轨道的支撑，也是钢箱梁、接头管等建筑的支点：设备的载荷。

保持泥浆水平稳定。泥浆水平应始终保持在1.0m以上的地下水位，以稳定槽壁。

（2）普通导流墙截面

大部分用于土壤质量良好的土层。开挖后，土可用作侧模板，另一侧可用于浇筑混凝土。墙后土体为原状土，与导墙结合紧密，不易漏浆。在土壤质量较差的土层中也采用了优选形式。

（3）导流墙的施工

现浇钢筋混凝土导流墙的施工顺序为：平场测量、找沟和处理废弃土—约束钢筋支撑模板—现浇混凝土—拆除模板，设置横向支撑导墙侧向回填（如果没有外部模板可做此工作）。

导墙内壁应与地下连续墙轴线平行，导墙净宽度一般大于地下连续墙设计墙的净宽度40mm。导流墙的上表面应至少高出地面100毫米，以防止地表水流入水箱，污染泥浆。导墙深度一般为1.0～2.0m，比深与地表土壤质量有关。如果有未固结的混合填土，则导流墙的深度必须通过填料，特别是松散和高渗透性的杂填土。使导流墙位于稳定的老土层中。此外，将导流墙底座和土表面紧密粘贴，以防止泥浆渗入导流墙的背面。导墙厚度一般为150～300mm。导流墙的混凝土等级主要为C20级。在导墙混凝土达到设计强度并得到支撑之前，严禁任何重型机械和运输设备在其附近行驶，以防止导墙在压力下变形。

2. 泥浆配制

泥浆的制备包括新制备的泥浆和在泥浆循环过程中的再生处理。

（1）泥浆的作用。在地下连续墙施工中，泥浆的作用与钻孔灌注桩中泥浆的作用相同，具有护壁、携渣、冷却、切土润滑等功能。罐内泥浆在槽壁上有一定的静水压力，相当于液体支撑，具有较高的黏度，可将土渣悬浮在泥浆中，使钻头随时钻入新鲜土层，同时使土渣与泥浆一起循环出槽。低泥浆温度可用于连续作业后冷却钻具。

地下连续墙采用的泥浆黏度应合理，黏度过小，沟槽壁不能形成稠密的泥皮，泥浆渗漏严重，难以固定壁和携渣，黏度过大，泥浆循环阻力高。从泥浆中去除泥浆和泥沙是困难的，钢筋表面的泥浆浓度很难去除，混凝土周边施工质量难以保证。

（2）泥浆材料

目前，膨润土泥浆在工程中的应用最为广泛。膨润土不是单一的黏土矿物，而是由多种黏土矿物组成，其中最重要的是蒙脱土。用来配制泥浆的水一般是纯净水。为了满足不同性能的要求，可以在浆料中加入适量的添加剂。常用外加剂有增稠剂、增黏剂、分散剂、防渗剂等.

当土层特别软时，应增加泥浆密度，以保持沟槽墙的稳定性。可以在泥浆中加入一些致密物质，以增加泥浆密度，如重晶石、铁砂等。可以添加适量的增黏剂。CMC的主要成分是羧甲基纤维素。溶于水，可增加泥浆黏度，使泥浆失水率降低；同时使泥皮致密而坚硬。

单独使用增黏剂会降低钢筋与混凝土之间的黏结力，适合与分散剂配合使用。分散剂能中和泥中的钙、钠、锰离子。惰性或替代有害离子。防止泥浆密度增加，pH值增加，胶凝倾向增加，保持泥浆性能不下降。常用的分散剂有木质铝酸盐、复合磷酸盐、腐植酸体系和碱度。渠道墙为砂层或砾石层，透水能力强，或槽壁泥皮差时，会发生泥浆渗漏。此时，应在浆料中加入木屑、蛭石粉和有机纤维聚合物等抗渗剂。

（3）浆料配比

泥浆的掺合比应考虑载泥渣的护壁效果和经济效益。根据土壤的性质，通过连续试验和修正，确定合适的配合比。

（4）泥浆质量控制指标

为了保证地下连续墙施工过程中泥浆的理化稳定性和合理的流动性，有必要对泥浆的质量控制指标进行监测。根据具体情况，需要对砂粒含量、胶体率、泥浆剪切力等进行检测。

（5）泥浆混合

泥浆混合量的大小取决于单位槽段的大小、同时运行的槽数、泥浆的各种损失以及泥浆回收和处理的机械能力。一般可以参考类似项目的经验。

泥浆混合设备包括料斗螺旋输送机、磅秤、定量水箱、泥浆搅拌机、药剂储罐等。搅拌前应制备药剂配方。纯碱液的制备浓度为1∶5或1∶10。高黏度泥浆CMC溶液的制备浓度为1.5%。在1/3中加入水，然后慢慢加入CMC粉末，然后用软轴搅拌器将大颗粒CMC搅拌成小颗粒，然后继续水混合。羧甲基纤维素的制备仅需6小时。硝基腐殖酸∶烧碱∶水=15∶1∶300的混合物。在准备时，烧碱或烧碱溶液和大约一半的水在储罐中搅拌。烧碱完全溶解后，加入硝基腐植酸，连续搅拌15min。

在搅拌泥浆之前，在搅拌筒中加入1/3的水，然后启动搅拌器。同时，加入黏土粉和苏打水搅拌3min，加入CMC溶液和硝酸-碱液连续搅拌，同时在水箱中连续加水。

一般来说，泥应该在24小时休息后使用。

（6）泥浆循环

泥浆循环和泥壁灌注桩可分为正循环和反循环两种类型。

（7）泥的循环处理

由于膨润土和CMC的用量以及土渣和电解质离子的混合，泥浆循环和混凝土浇筑所取代的泥浆质量明显下降，需要再生或废弃。对于含土渣泥浆，一般采用重力沉降和机械处理。重力沉降是利用泥浆与土渣的密度差沉淀土壤渣的一种方法，沉淀池体积越大，沉降时间越长，沉淀分离效果越好，一般是单位槽有效体积的2倍以上。机械加工一般使用振动筛和水力旋流器。

废物泥不能直接倾倒或排入河流或下水道。它必须被运送到一个特殊的填埋场，或者用密封的箱子或真空卡车从泥浆中分离出来。泥水分离是指用化学和机械的方法将含大量水分的废泥分离成两部分。水可排入河流或下水道，污泥可用作回填物，以减少废泥浆的运输。

3. 开槽开挖

开槽开挖是地下连续墙施工中的一个重要环节，约占施工周期的一半。开槽精度的高低决定了墙体制作的精度，因此确定施工进度和施工质量是关键工序。地下连续墙采用单位槽段施工。

（1）单元槽划分

在地下连续墙施工中，地下连续墙沿墙长的方向被划分为若干个具有一定长度的施工单元。这个建筑单元叫作“单元槽段”。单元槽段是一种主要的混凝土浇筑单元。单位槽的最小长度不得少于一个开挖段，即不少于挖掘机械挖掘工作装置的第一开挖长度。从理论上讲，槽越长越好，因为这样可以减少缝的数量，提高地下连续墙的完整性和堵水防渗能力，简化施工，提高效率。然而，在实际工作中，单位槽段长度受多种因素的制约，必须根据设计和施工条件进行综合考虑。以下因素通常决定单元槽段的长度。

1）水文地质条件

当土层不稳定时，应减小槽段长度，避免沟槽壁坍塌，缩短疏浚时间。

2）地面荷载

大的地基荷载和相邻的高层建筑会增加槽墙的侧压力，影响槽墙的稳定性。在这种情况下，应缩短电池槽的长度，以缩短槽的开挖和曝光时间。

3）起重机的起重能力

钢筋笼主要是整体吊装的。钢保持架的质量和尺寸应根据施工单元起重机械的起重能力来估算，从而计算出机组槽段的长度。

4）单位时间混凝土的供应能力

一般情况下，牢房槽长度内的所有混凝土应在4小时内浇筑。

5）工地上可用的泥浆罐的体积。

一般情况下，泥浆罐的体积不应小于在每个单元槽段开挖的土壤量的两倍。

此外，应避免缝隙段与地下连续墙与内部结构之间的接合位置，以保证地下连续墙的完整性。根据我国的施工经验，机组槽段长度应为6m左右。

（2）疏浚施工中应注意的事项。

1）正确选择挖泥机。

疏浚机械的选择应依据水文地质条件、周围环境和力学性能。对于软土，可采用斗式挖泥船，对老黏土、硬土、孤立石等复杂土层应采用冲积沟。如果周围环境要求较高，不允许产生噪声、振动，应选择旋转沟槽机。

2）机械作业要点。

用多头钻床钻深槽时，若在软塑性黏土中钻进，规律过快，钻渣量过大，会造成泥浆出口堵塞，造成“泥钻”，影响钻井。如果黏土的钻进速度太慢，很难将土从钻头和侧刀上切断，而侧刀粘在钻头和侧刀上，从而造成“持钻”，也会影响钻削。因此，应注意控制钻孔速度，不要太慢或太快，钻孔速度测定土壤硬度时应考虑并配合泥浆排放速度。

在疏浚过程中，要防止钻塞的发生，即钻头卡在槽内，不易上下。造成钻井堵塞的原因有多种，如钻机周围沉降泥浆、堵塞钻机与槽壁之间的孔隙、中途停止钻井、及时将钻机出孔、沟槽壁局部塌陷、埋设钻机等；在钻井过程中，由于井下障碍物堵塞，开槽孔倾斜过大，造成钻井堵塞。因此，针对上述情况，在钻井过程中应注意用紧绳和松绳交替钻进，以减少钻头缓慢或空钻，避免淤泥堵塞造成的堵塞。当钻井中途停止时，应及时将钻机从沟槽中拔出。注意控制泥浆密度，防止罐壁坍塌。疏浚前应及时发现和处理障碍物。当槽孔出现斜弯时，应及时扫孔以纠正。此外，当钻头磨损严重时，应及时加大焊接，防止钻头直径变小，从而使钻头上的导向箱不能钻开。

在开槽过程中，必须防止沟槽的倾斜和弯曲。为此，在使用前应调整悬挂装置以防止偏心，车架底座应保持平直，安装应保持稳定。如果存在较大的孤立石、探测石或部分硬土，则应辅以冲击钻削。倾斜大孔软硬地层交界处应采用低速钻进，合理布置钻进顺序，隔段钻进，适当控制钻井压力。如果开槽已经偏斜，一般可以使用钻机上下扫洞，以使孔直立。如果偏斜严重，应将砂回填到1m以上的井眼，然后在沉积致密后再钻一次。

（3）槽壁倒树的危害及防治

在地下连续墙施工中，保持沟槽墙的稳定，防止槽壁塌陷是非常重要的。如果发生树侧沉降，可能会引起地面沉降和倾覆挖泥机，对邻近建筑物和地下管线也会造成破坏。塌方也可能掩埋挖泥船，推迟施工时间。如果混凝土在混凝土倒塌的过程中，将土掺入混凝土中，会造成墙体缺陷，甚至使墙内外成为一条管道。因此，槽壁倒塌是地下连续墙施工中一次极其严重的事故。

影响槽壁稳定性的因素很多，可归纳为泥质、水文地质条件和施工三个方面。

1）泥浆

泥浆质量和泥浆水平对槽壁的稳定性有很大的影响。应根据土壤质量选择合适的泥浆，并通过试验确定混合比和泥浆密度。泥浆水平越高，泥浆的相对密度越小，也就是说，槽壁不稳定的可能性越小。因此，泥质水位必须高于一定的地下水位，一般大于0.5m。如果发现有渗漏或泥浆运行现象，应及时封堵和充填。

2）水文地质条件

地下水位越高，平衡泥浆的相对密度越大，槽壁不稳定的可能性越大。因此，地下水位的相对高度对槽壁的稳定性有很大的影响。应注意地下水位的变化，如降雨会使地下水位急剧上升，地表水绕导墙流入槽段，从而降低泥浆对地下水的超压，容易发生槽壁塌陷。地下连续墙深沟采用泥墙开挖时，应注意地下水的影响。如有需要，地下水位可部分或全部降低。

地基土的性质直接影响槽墙的稳定性。试验结果表明，内摩擦角越小，所需泥浆的相对密度越大，相对密度越小。该值在一定程度上反映了土壤的质量。如果内摩擦角大，土体状况好，则槽壁不易倒塌。因此，在施工中应根据不同的土壤条件选择不同的泥浆配合比。

3）建设

槽壁的稳定性也受到槽段的划分的影响。单元长度越长，土拱的作用越小，槽壁越不稳定。因此，一般情况下，一个单位槽段不应超过2～3个开挖断面。此外，单元长度影响槽时间，疏浚时间长，使泥质变差，影响槽壁稳定性。

此外，还应注意控制钻杆或钻床的回程速度，以减少对槽壁的干扰，特别是在松散的砂层钻井中。不要走得太快或闲着太久。罐体应及时悬吊，浇筑混凝土，以免使用时间过长，造成淤泥沉降，失去护壁的作用。还要注意施工时的地面荷载不宜过大，以防止附近车辆和机械对地面的振动等。

当沟槽塌陷时，如果泥浆损失很大，液位明显下降，泥浆中存在大量泡沫或异常扰动，导墙及附近地基的地面荷载发生沉降，排土量超过设计断面的土石方工程量。如果多头钻机或抓斗难以吊起，应先将挖掘机举到地面，然后迅速采取措施，以避免塌陷和进一步膨胀。一般的措施是立即配制泥浆，在严重塌陷时，应将高质量的黏土（20%水泥）回填到塌陷处（1.0～2.0m），然后在矿层致密后进行钻孔。

（4）底部清洁

悬浮在泥浆中的土壤颗粒和未排出的土壤矿渣将沉淀到槽底，导致槽下层中泥浆的比例大于上层，淤积在槽底。如果底面不清，槽底残积泥沙会使地下连续墙底部与承压层基础之间发生夹层，增加地下连续墙沉降，降低承载力，削弱地下连续墙底部的堵水和防渗能力；此外，在混凝土中掺入沉淀物会降低混凝土的流动性和强度，因此有必要做好底部的清洗工作，减少沉淀物的危害。

常用的清底方法有：压缩空气举升法、吸砂法、高排泥法和潜水泵排泥法。机柜2-1是其工作原理图。清洗后，罐内泥浆的相对密度应在1.15以下。沉积物厚度：永久结构≤100mm，临时结构≤200mm。

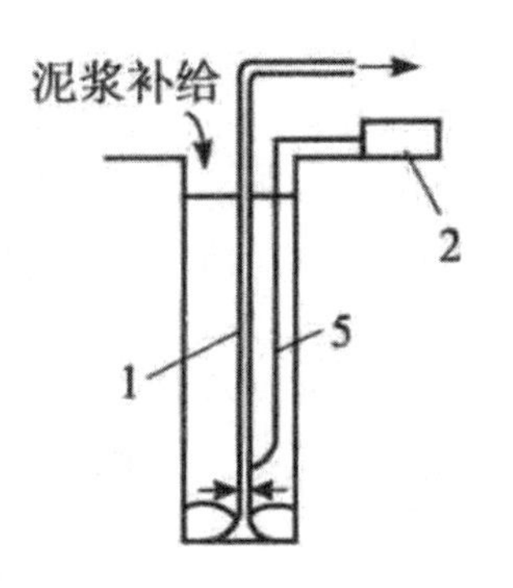

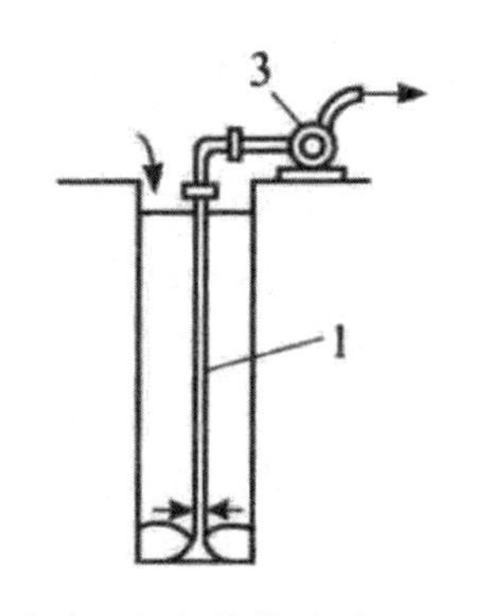

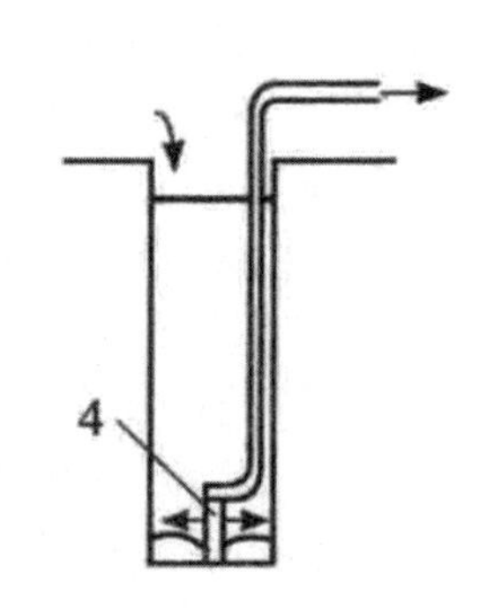

（A）压缩空气提升法　　（B）吸砂泵排泥法　　（C）潜水泥浆泵排泥法

图 2-1 底部清洗方法的工作原理图

1-导管；2-空气压缩机；3-吸砂泵；4-潜水泥浆泵；5-压缩空气管

在插入钢筋笼之前，通常会将底部移除。例如，采用泥浆反循环法挖掘沟槽。挖泥后可立即进行底清理。如果底部清洗和混凝土浇筑之间的间隔较长，也可以在保持架后再次清洗底部。

此外，将土渣和泥皮附着在单元槽段的接缝上，可以显著降低接头的防渗性能，因此宜用水枪清除或喷出高压水清洗接头。

地下连续墙节点一般分为两类：一是施工节点，即浇筑地下连续墙时两个相邻单元墙之间的纵向连接节点；二是结构节点，即已建成的地下连续墙与其他构件（楼层、柱、梁、地板等）的水平连接。内部结构。地下连续墙节点应满足应力和防渗要求，便于施工。以下是通常使用的施工接头的说明。

1）接头管接头

管接头是应用最广泛的接头之一。

施工过程中，单位槽段的土方开挖后，由起重机将开口段的端部置于连接管中，吊起钢笼，浇筑混凝土。当混凝土强度达到0.05～0.20MPa时，混凝土通常在浇筑后的缝隙段末端放置3h，视温度而定，用起重机或液压升降机开始吊装管道。拉拔速度应与混凝土浇筑速度和混凝土强度增长速度相适应，一般为2～4m/h，混凝土浇筑完成后6～8h内拔出所有连接管。连接管拔出后，单元槽段的末端形成半圆，当施工继续时，两个相邻单元的壁面段的连接将形成。

接头管多采用钢管，每节长度约15m，采用内销连接，不仅运输方便，而且能使外壁光滑，便于拔出管。接头含钢量小，成本低，可满足一般防渗要求。

除上述施工顺序外，相邻槽段也可分为跳格施工的第一阶段和第二阶段。先开挖第一级槽段，将连接管置于缝段两端，两侧与未开挖的第二级墙段的土分离，然后吊起钢筋笼放置混凝土，拔出连接管，在浇筑混凝土的第一级壁段与未开挖的混凝土的第二级壁段之间形成两个圆孔。第二级墙段土方开挖后，应使用专用设备处理第一级壁段半圆端表面胶结物，如电刷、刮板等。否则，接头的水封性能很差。

2）连接器箱接头

节点箱形节点是一个刚性节点，可以用来传递剪力和拉力。施工方法与管接头相似。它只是一个连接器盒，而不是连接器管。所述钢保持架与密封钢板焊接在接头位置。密封钢板外面有一个连接钢筋和突出的接头。施工工艺：在单元槽段开挖后吊装接缝箱，由于接缝箱开在浇筑混凝土的一侧，将钢筋笼末端的水平钢筋或纵向接缝钢板插入接缝箱，密封钢板封闭接缝管的开口部分。另一种结构与管接头施工相同。节点箱拔出后，后期开挖单元槽段，吊起墙面钢筋笼，浇筑混凝土形成新缝。这种节点形式由于水平钢筋交错重叠在相邻单元的槽段而形成刚性整体节点。

3）隔膜接头

隔膜连接设置在钢保持架的末端，其形状分为扁平隔板、榫隔膜和V形隔板。由于隔板与槽墙之间不可避免地存在缝隙，为了防止新浇筑混凝土的渗透，应在钢笼两侧铺上尼龙等化纤布。所述化纤布可覆盖所述单元槽段的所有加固笼。吊在钢笼里时，小心不要损坏化纤布。该接头适用于不易拔出接头管（盒）的深槽。

榫隔膜式节点与节点钢筋，可使各单元墙体截面集成，是一种较好的连接方式。然而，这个接缝很难插入笼中，在这里浇筑混凝土时也很难。混凝土的流动也受到阻碍，应注意施工。

（5）钢架的制造和吊装

1）制作钢制笼

钢筋笼的制作是基于钢筋图的设计和单元槽的划分。一般情况下，每个单元槽段是一个整体，如深埋连续墙或可通过提升能力进行分段。吊装和敷设应一节接一节地焊接。钢保持架的成形必须在工作台上进行，钢筋位置准确。

钢保持架的端部与连接管或混凝土接缝表面之间存在150～200mm的间隙。主要加固保护层为70，80tnm，保护层厚度为50mm，垫层与墙体之间的间隙为20～30mm。钢保持架吊装时，砂浆垫片容易破损，容易划伤槽壁，因此在笼内通常采用弧形钢板作为垫层，间距约为2.0m。钢制保持架底端距槽底100mm。在吊装钢筋笼时，纵向钢筋应稍微向内弯曲，以防止槽壁划伤，但不应影响混凝土浇注管的插入。将混凝土管道放置到位。应上下贯穿，管道周围应有附加的箍筋和连接钢筋，纵向主配筋应放在内部，横向配筋应放在外面，以防止横向钢筋的插入。钢棒不应与钢丝绳捆绑，因为镀锌丝在泥浆表面吸附，在黏结点形成泥浆团，影响钢筋的抓地力和混凝土黏结力，因此一般先用同一根钢丝，然后牢固地点焊，再将焊丝移除。为保证钢筋笼的刚度，点焊次数不得少于交点总数的50%。

为了防止钢架吊装过程中变形过大，应根据钢箱的重、尺寸、起重方式和吊装点进行布置。钢筋笼内应设置两、四根纵向桁架和横向桁架，主钢筋笼应加宽25个水平钢筋和斜拉筋。

2）钢架吊装

在将钢箱吊置于槽内之前，必须剃去开挖槽侧面的垂直表面，并清洁槽底。在吊装钢架的过程中，应防止永久变形。钢制保持架的顶部应称为横向悬挂梁。钢制保持架尺寸适宜，钢丝绳以四个角度吊装。点布置和提升方案应防止变形，通常是双机吊装．钢制保持架的底端不能拖在地面上。为了防止钢架吊起后在空气中晃动。将牵引绳拉在钢制笼的底部，使工人能够控制它。

在插入钢制笼子的过程中。小心别让墙塌了。钢筋保持架应与单元槽段的中心对齐，垂直插入，以防止由于手臂摆动或其他原因而使保持架摇摆，从而导致槽壁倒塌。加筋笼插入后，检查保持架的顶高是否符合设计要求，并将其置于导流墙上。

如果钢筋是分段制造的，在吊装时需要长时间的连接。下面的钢保持架应垂直悬挂在导墙上，然后将钢保持架的上部悬挂起来。钢筋的上、下部呈直线连接。如果钢制保持架不能顺利插入槽内，应重新吊装，解决原因，必要时不能强行插入，否则会引起钢筋笼变形和缝壁倒塌，造成大量泥沙。

（6）水下混凝土浇筑

地下连续墙水下混凝土施工采用导管法施工。混凝土应满足一般水下混凝土浇筑的要求，如强度应满足设计要求，坍落度应控制在150～200mm之间，混凝土具有良好的易流动性。

管道的数量与槽段的长度有关。当缝隙段长度小于4.0m时，可使用一根导管：当长度大于4.0m时，应使用两根或多根导管。根据导管直径大小，使用0150mm导管时，导管间距小于2m，使用200mm导管时，导管间距小于2.5m，使用0250mm导管时，导管间距小于3.0m。管道两端之间的距离不应大于1.5米。

在浇筑混凝土之前，应使用混凝土导管进行泥浆循环，以提高泥浆的质量。在混凝土浇筑过程中，应进行连续浇筑，间隔5～10min，将混凝土插入管底的深度控制在2.0～4.0m。同时浇筑多管时，应同时浇筑，使混凝土表面水平保持上升，各点的高度差不得大于300mm；混凝土浇筑的顶面应在设计高度以上0.5m以上，使顶部浮浆层被切断，与主结构或支座连接，形成整体。

（三）支护结构的施工

随着基坑深度的增加，如果悬臂式挡土墙的强度和变形不能满足要求，可以在基坑内支撑挡土墙。该支护结构能够承受挡土墙传递的土压力和水压，减小挡土构件的跨度，减小内力和变形，有效地控制挡土墙的变形。它具有受力合理、安全可靠等优点，使支护系统的成本降低。但是，内支架的安装给基坑开挖和地下室结构的支护和浇筑带来了不便，必须通过更换支撑来解决。

支撑系统由腰部（冠）梁、支撑和化妆墙及其他辅助构件组成。腰部（冠）梁固定在围护墙上，侧压力传递到支撑（纵向和水平方向）。随着长度的增加，稳定性降低，需要设置一定范围以上的中间柱。柱的下端应稳定，并将其插入施工结构中。当不能利用工程桩时，必须设置一个特殊的桩（现浇桩）。支护体系应根据基坑的规模、变形要求和场地条件进行选择和布置。

1.支撑分类

支护结构的内部支护按材料分为钢支撑和钢筋混凝土支撑。

钢支架有两种：钢管支架和型钢支架。钢管支撑主要用609和580钢管。有多种墙体厚度可供选择，当墙体厚度较大时，其承载力较高。采用H形钢支撑的型钢有多种规范适用于不同的承载能力。钢支撑被用作工具支撑。它具有较快的安装和拆除速度，可以起到早期的作用，减少土的时间效应，减少由于时间效应引起的墙的变形。同时可以施加预紧力，根据挡土墙的变形和发展多次调整预紧力值，以控制挡土墙的变形发展，并可多次重复使用。其中以租赁方式为主，便于专业施工，其缺点是整体刚度较弱，支护距离相对较小。

钢筋混凝土支撑是用分层开挖的土方工程，根据设计的位置（平面、立面）现场模板来建造钢筋混凝土。优点是形状的多样性。根据基坑的平面形状，可以浇筑直线或曲线杆件，优化支护平面布置，整体刚度大，安全可靠，周围墙体变形小，有利于周围环境的保护。为了适应内力的变化，更换截面和加固构件是很方便的。其缺点是支护和浇注成型所需的时间较长，达到强度时才能发挥作用，时间效应较大，由于时间效应的影响，使得挡土墙的变形增大。它是一种一次性支撑结构，不能重复使用（装配型除外）。如果周围环境允许，可以通过控制爆破将其拆除。如果使用人工拆除，将需要更长的时间和更大的劳动强度。

在实际工程应用中，有时在同一基坑工程中。钢支撑和钢筋混凝土支撑可以同时使用。例如，为了更好地保护环境和控制地基变形，上部支座采用钢筋混凝土支撑，下部支座采用钢支撑，以加快装卸速度。在少数情况下，采用钢和钢筋混凝土组合支撑，例如桁架对角线支撑，钢筋混凝土材料用于弦，钢管或截面用于腹板。

从支架的发展方向看，应继续改进和推广钢支架，使钢支架标准化、工装化，并建立一支专业的钢支架生产、装配、拆卸、使用、维修一体化队伍。

2. 支护安排

支护系统的布置应根据基坑的平面尺寸、开挖深度、水文地质条件及周围环境进行。

（1）支承平面布置

平面支架上部布置形式有对角线支撑、角撑、桁架支撑、框架支撑和圆形支撑、拱形支撑、椭圆支撑、环形支撑等。有时，它可以混合，如对角线支撑，环梁和边缘桁架等。

一般情况下，对于一个平面形状接近正方形和小尺寸的基坑。基坑中部应采用角撑，基坑中部空间大，便于基坑开挖和主体结构的施工，但角撑整体稳定性和变形控制性能较差。对于平面形状接近正方形但标尺较大的基坑，应采用环、桁架和边框支撑基坑，可在基坑中间提供较大的空间，便于开挖和开挖，缩短了施工周期。环空支撑的受力条件较为合理，可以减少支撑截面，降低成本，但使用时环撑的稳定性是非常重要的。一旦平衡被打破，整个支护结构就会被破坏，当基坑外荷载不均匀，质量差较大时，环撑的内力差很大，容易引起支护的不稳定，因此应谨慎使用。用于矩形开挖。使用对角线支撑或对角线支撑等是可取的。支护力清晰、安全、稳定，有利于墙体的变形控制，但七方开挖难度较大；斜撑，可提供部分较大的空间，便于开挖。钢支撑主要是角形支撑、对角线支撑等直杆支撑。现浇钢筋混凝土支撑、直线、曲线及各种支护形式方便施工。

（2）支架的垂直布置

支护竖向布置主要满足支护结构的稳定性和变形要求，在浇筑主结构楼板时应考虑支护措施的改变。影响基坑开挖深度的主要因素有基坑深度、挡土墙类型、开挖方式、地下结构的楼板位置等。基坑深度越大，支护层越多。挡土墙承载力强，刚度大，支撑层数少。采用人工开挖时，支护垂直间距A不应小于3.0m。如果采用机械开挖，支护垂直间距A不应小于4.0米。支护的仰角应避免地下结构的楼面位置，以便于楼面施工和支护的改变，支架大部分布置在地板和地板上，B之间的净间距不应小于600mm。

（3）柱的布置

列是支撑的成员。柱与柱之间的距离应根据支撑的长度、截面和竖向荷载的大小来确定。在纵向和水平支座交汇点或桁架支座节点处，一般不超过15m。支护柱的位置应尽量避开主工程的梁、柱、墙，尽量利用工程桩。该柱通常是用H形钢或角钢焊接而成的点阵柱，容易穿过楼板和楼板，便于防水施工。

3. 支护结构

（1）支护的结构要求

1）钢腰（冠）梁的结构要求

支撑结构的冠梁和腰梁直接连接到挡土墙上，并通过腰（冠）梁将挡土墙上的力传递给支撑结构。因此，腰部（冠）梁应具有一定的刚度，才能有效地传递挡土墙荷载。腰梁的刚度对整个支撑结构的刚度有很大的影响。钢腰梁可由H截面、I梁、槽钢或复合截面制成，如图2-2所示，横截面宽度应大于300mm；排桩与地下连续墙之间的间隙（一般要求留出水平长的孔隙不小于60mm），应采用不小于C20的细石材混凝土。在基坑平面的拐角处，当纵横梁不相交时，应对节点进行加固处理。为了防止悬臂端的受力状态，满足双向腰梁端支撑的要求。

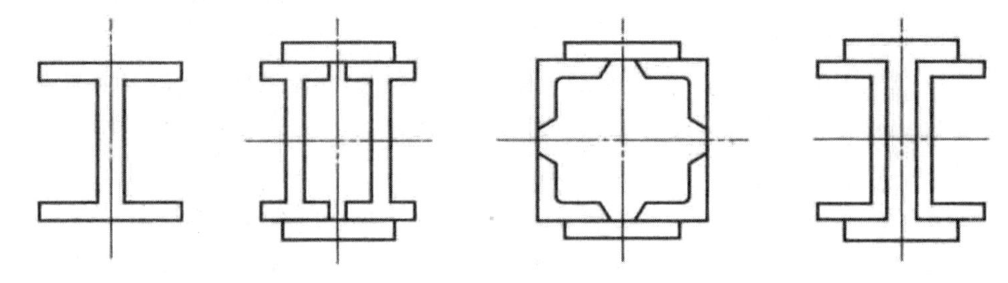

图2-2 常用钢腰（冠）梁截面形式

2）钢支架的结构要求

钢支撑段可分为H形钢、钢管、工字钢、槽钢或组合钢。一般制成标准段，长度约6米，安装时根据支撑长度，再辅以非标准段。非标准段通常在现场切割和加工. 构件连接可以焊接或螺栓连接。纵向和水平支承连接应与异形交叉节点连接，支撑布置在同一平面上形成平面框架体系，刚度大。当纵向和横向支撑重叠时，虽然施工方便，但支撑结构的完整性较差。支承端须设置一个厚度不少于1mm的板作为密封盖的端板。必要时，加筋肋板的数量和尺寸应满足支承端局部稳定和支承力传递的要求。为了便于在钢支架上施加预压力，可将端部制成“活动头”。

（2）钢筋混凝土支撑的结构要求

钢筋混凝土支撑体系应在同一平面上浇筑，基坑平面角部腰梁连接点应按刚性节点设计，钢筋混凝土支撑构件的混凝土强度不应低于C20，钢筋混凝土支撑构件的混凝土强度不应低于C20。支撑构件的截面尺寸应满足稳定性和承载力的要求，且混凝土腰梁与挡土墙之间不存在水平间距。

（3）柱的结构要求

柱的布置应根据支座的长度、截面和竖向荷载来确定，通常在纵向和横向支座的交汇处或桁架支撑的节点处，避免主工程的梁、柱和承重墙的位置。柱与柱之间的距离不应大于15m。柱主要是点阵钢柱、钢管或H形钢。在钢柱下（基坑开挖面下方），桩应由柱支撑，直径不小于650mm的钻孔灌注桩。桩中上部钢柱的长度应不小于钢柱长边长度的4倍。在桩内用钢制保持架焊接。桩的下端应在较好的土层上支撑，开挖面以下的埋置长度应满足支护结构对柱的承载力和变形的要求。为了降低造价，应尽可能多地使用柱桩，桩的设计可以分开进行。

柱和水平支撑构件应作为一个整体连接起来。钢支座可以铰接，如钢柱连接，钢护栏的强度应通过计算来确定。上部支撑可以用钢板支撑，下部节点可以直接由柱支撑。

立柱通过主体结构底板，为了防止渗水，应在立柱上设置止水板，止水板通常采用钢板，钢板完全焊接在钢柱的主板上，根据钢板的厚度，有2或3个通道，它们与混凝土底板结合在一起。

4. 支护结构施工

（1）支护结构施工的一般原则

支护结构的安装和拆除应与基坑支护结构的计算条件保持一致，这是保证基坑稳定和控制基坑变形以满足设计要求的关键。

在基坑竖向施工中，应严格遵守分层开挖、支护及开挖的原则。在每一层开挖后及时增加一个良好的支护，配合开挖与支护，严格禁止过挖。下一层土的开挖只有在每个支座都已建立并达到规定的强度之后才允许进行。

在每一层土壤开挖中都可以进行分区开挖，支护也可以随着开挖进度的进行而设置，但在某一段中的支护应形成一个整体。同时，开挖部位在位置和深度上要保持什么要求的原则，以防止支护结构承受偏心荷载。

支撑装置应开槽。当支护顶面需要开挖机械时，支护顶面的安装标高应低于坑内土面的200～300mm，而钢支撑与基坑土之间的间隙应采用粗砂回填。在挖掘机和运土车辆的接入点也安装了道路板。

主结构更换支撑时，主结构楼板或底板的混凝土强度应达到设计强度的80%以上，主结构与围护墙之间的支撑传递力结构必须是安全可靠的。

支承装置的允许偏差应控制在规定的范围内。工程包括钢筋混凝土支撑的截面尺寸、支撑的标准高度差、支撑的挠度、柱的垂直度、支撑与柱轴线的偏差等。

（2）钢支架施工

钢支架安装过程如下：

根据配套布置图，在挡土墙上突出钢梁轴线的仰角位置，在挡土墙上安装有安装支架或悬挂杆的钢腰梁，根据钢柱短（横向）水平支撑安装长（纵向）水平支座的腰梁高度来安装钢腰梁。横向支撑交叉处和支撑柱交汇处的纵向和纵向，下层土方开挖采用钢腰梁填充细石混凝土，采用夹具或电焊挡墙。

预压力是钢支撑结构的重要组成部分，它能有效地减小支撑墙的变形和周围的地面位移，使支护力趋于均匀。增加压力的方法有两种：一是在腰部梁与支架的连接处用千斤顶压强，在间隙处插入钢楔锚固，然后拆下千斤顶；另一种是采用特殊千斤顶作为支座的一部分，安装在支架上，预加载并留在支架上，待开挖时取下支架，卸下和拆除。为保证钢支撑预压力的准确性，可采取以下措施：

千斤顶必须有测量装置，仪器必须由专家使用和管理。并定期进行维护检查。

支撑安装完成后，应及时检查各节点的连接状态，并在确认满足要求之前不得施加预应力。

预应力的应用应在支护两端同步对称地进行，并由专门人员统一指挥，以保证施工的同步协调。

预应力应一步地施加，反复施加，直至达到设计值。一般情况下，预应力控制值为支座设计轴向力的40/6060。如果超过80，必须防止支护结构的外部倾斜和破坏，防止对基坑外环境的影响。

支撑端的八度支撑应在主支架承受压力后安装。

（3）钢筋混凝土支撑结构

支护施工应采用开槽浇筑法。底模可以用素混凝土、木模板、小钢模铺设，也可以用凹槽底部作土模，侧模可以用木模或钢模制作。为避免梁有效高度的影响，宜采用黏结搭接节点，以便于爆破后节点的拆除，合理交叉节点处钢筋的伸长和黏结，以避免影响梁的有效高度。混凝土浇筑、养护、脱模等，应符合正常施工规程的要求操作。当支撑混凝土强度达到设计强度的80%以上时，才能开挖支护下的土方工程。

（4）更换和拆除支架

在地下结构施工中，内部支护的存在给施工带来了许多不便，如竖向钢筋与内支撑发生碰撞，内支撑与外墙板的交叉需要采取防水措施等。此外，如果在浇筑墙或地板时不拆除支撑，在防水和回填完成后拆除支架，则钢支架将损失很大，而用人力将短托运出地下室则需要很长时间。要花很多钱。支持交换技术可以有效地解决上述问题。

所谓支撑技术，是指在地下结构与挡土墙之间安装一种传力结构。它一般采用主梁和楼板的刚度（如水平结构在没有楼板结构的部分中单独设置）来承受水和土的压力。因此，随着结构的施工，从下到上建立了新的支护结构。然后拆除相应的内支撑高程，然后进行地下主体结构的立面施工。

采用主结构转换支撑时，在确定支撑高度时，应考虑地下结构施工与支护的结合。同时，更换还应满足以下要求。

主结构楼板或底板的混凝土强度为设计强度的80%以上。

在主结构与挡土墙之间设置可靠的传力结构。

如果楼板和楼板有更多的空隙，则应增加临时支撑系统（如填充间隙或临时梁）。根据力传递的要求，通过计算确定支撑截面。

当主体结构的底板和楼板分块或安装后浇带时，应在砌块或后浇带的适当部位设置可靠的传力构件。在地下室的地板上，混凝土可以在地板和维护墙之间用沙子填充，也可以用普通混凝土填充。在底板厚度较大的情况下，先回填平原土，再将

200～300mm的素混凝土浇筑在面板上。在楼板和顶板的位置，如排桩结构，可采用一桩一短支撑，或将厚度为200～300mm的板浇筑在楼板（屋顶）内，使维护墙的顶部紧固。

基坑支护拆除是基坑施工中的重要工序。在支护拆除过程中，支护结构的内力和位移变化很大，必须严格按照设计要求进行，并选择合理的拆除方案。为了避免引起支护结构发生过大的内力和位移突变，特别是在最后一个支座拆除后，支护墙处于悬臂状态，位移较大，可能对周围环境产生不利影响。一般而言，取消支持应遵循下列原则：

①分区分段设置的支撑，也宜分区分段拆除。

②整体支撑宜从中央向两边逐步拆除，对最上一道支撑尤为重要。

③先分离支撑与围檩，再拆除支撑，最后拆除围檩。

钢支撑的一般截面被拆除，通常以两个支点之间的支撑（拉索或柱）作为一个截面，用起重机将支架挂紧，用气割或拆下螺栓来提升连接，抬起卡车离开现场。由于基坑面积大，但支护重量小，应选择大起重半径的起重机，合理布置开路和作业面。如果使用塔式起重机，则不需要打开起重臂的长度，这更有利。

钢筋混凝土支撑的拆除可以采用人工凿和爆破拆除。在使用人工凿子时，切断混凝土保护层，切断纵向钢筋，切断混凝土支架，然后从施工现场进行吊装。管段长度应根据起重能力确定，一般为1.0～2.0m。在进行爆破拆除时，施工前应对周围环境和主体结构采取有效的安全防护措施，并设置水平和垂直防护框架。

第二节　大体积混凝土温控技术

一、简要说明

（一）大体积混凝土的定义

目前国内外对大体积混凝土尚无统一的定义。

JASS5的定义是：“结构截面最小尺寸在800mm以上时，水化热引起的混凝土最高温度大于25℃，外温差大于25℃，称为大体积混凝土。”美国混凝土协会（ACI）指出：“任何大体积混凝土在原地放置的尺寸要求采取措施解决水化热引起的体积变形，以尽量减少裂缝。”

在我国某施工单位制定的“大体积混凝土工程方法”中，认为结构截面最小尺寸大于3000mm的每个混凝土砌块；或单面散热截面的最小尺寸在750mm以上，双面散热在1000mm以上，水化热引起的最高温差预计超过25℃，可称为大体积混凝土。王铁梦在他的专著“工程结构裂缝控制”中指出：“在工业和民用建筑结构中，诸如现浇连续墙结构、地下结构和设备基础等结构很容易由温度收缩应力引起。”这叫作大体积混凝土结构。

大体积混凝土的结构尺寸定义简单易懂，但可能给施工带来不同的损失。例如，有些工程散热好，底面约束弱，水化热低，不采取措施就不会产生裂缝，但按照大体积混凝土的标准施工，会造成不必要的浪费。虽然有些工程的厚度不大于1m，但水化热较大，底部受到很大的限制。施工单位不符合大体积混凝土技术标准，会引起结构开裂。因此，从保证混凝土质量的角度看，大体积混凝土是指“其尺寸和尺寸，要求采取适当措施处理温差变化，正确合理地减少或消除变形变化引起的应力”。裂缝的发展必须控制在最小程度的现浇混凝土。

（二）大体积混凝土温控的必要性

我国西部某地区钢筋混凝土公路桥梁施工中，承台大体积混凝土（2000m3左右）由于组合材料选择不当，施工措施跟不上施工措施，混凝土产生过大裂缝。即使进行修补，也不能保证混凝土结构的质量。最后，它决定炸毁建造的帽子，并重建它。

在大体积混凝土结构中，由于结构截面大、混凝土强度高、单掺水泥量大，水泥水化热大。由于混凝土导热性能差，混凝土表面和内部的散热条件不同，温度高低，从而形成温度梯度，造成混凝土表面的压应力和拉应力。混凝土表面的拉应力超过混凝土的极限抗拉强度，导致混凝土表面产生裂缝。混凝土在强度发展到一定程度后，温度逐渐降低，由这种降温差异引起的变形和混凝土失水引起的体积收缩变形，当受地基和其他结构的边界条件约束时，当拉应力超过混凝土极限抗拉强度时，整个截面就会出现裂缝。这两种裂缝都会导致混凝土强度下降，渗漏水，影响结构的使用和安全。

大体积混凝土裂缝产生的原因主要是温度和约束。

为了避免温度应力过大，防止温度裂纹的发生或在一定范围内控制裂纹，必须进行温度控制。温度控制一般包括：

（1）混凝土绝热温升。

（2）混凝土的人模温度。

（3）混凝土最高温度。

（4）混凝土内外温差。

（5）混凝土的冷却速率。

一般情况下，混凝土在浇筑后3天开始收缩变形。例如，混凝土底表面和侧边界的约束较强，这将限制混凝土的收缩，产生较大的拉应力。如果拉应力超过混凝土的极限抗拉强度，就会出现裂缝。为了控制裂缝，应减少底部和侧面边界的约束作用。

二、技术简报

（一）原料

1. 水泥

一般情况下，三叶橙混凝土工程应采用低热水泥。低温水泥是一种水化热低的硅酸盐水泥．水泥的水化热与其矿物组成和细度有关。和混合材料。试验结果表明，应降低水泥的水化热和放热率。熟料中C3A和GS的含量必须降低，C2a和CFAF的含量应相应增加。但是，也应该考虑到美国的早期强度很低，不应该增加太多，即QS的含量不应该太小，否则水泥的强度会发展得太慢。

此外，水泥的细度对水化放热率影响不大，但对水泥的放热速率有显著的影响。

但水泥细度不能片面松弛，如果强度下降过大，单位体积混凝土中的水泥量就会增加，水泥的水化放热速率虽然较小，但混凝土的放热量反而会增加。因此，低热水泥的细度一般与普通水泥没有差别，只是在必要的时候。做出适当的调整。

2. 活性外加剂

大量的工程实践表明。在混凝土中加入一定量的粉煤灰、矿渣粉等矿物外加剂后，粉煤灰和矿渣粉的火山灰活性形成硅酸盐凝胶，是胶结材料的一部分。特别是在混凝土耗水量恒定的情况下，粉煤灰由于其球形颗粒而具有球状效应，能显著地提高混凝土的性能，减轻混凝土的易损性。如果混凝土的初始流动性保持不变，可以降低单位耗水量，从而提高混凝土的密实度和强度。研究表明，在混凝土中掺加适量粉煤灰，既能满足混凝土的泵送能力，又能降低混凝土的水化热。

3. 粗集料

在结构工程大体积混凝土中，应首先选用具有连续级配的粗集料。这种粗骨料的连续级配是由混凝土制成的。它具有好、易、用水量少、水泥用量少、抗压强度高等优点。在选择粗集料粒径时，应根据施工条件，尽可能选择粒径较大、级配较好的石料。试验结果表明，在相同水灰比的情况下，5～40mm石料比5～20mm石料可降低混凝土耗水量，水泥用量可节省约20kg。混凝土温升可降低2℃。

选用粒径较大的粗集料是非常有利的。但随着骨料粒径的增大，易引起混凝土的离析，影响混凝土的质量。为了达到预定的要求，同时发挥水泥最有效的作用，粗集料具有最佳的最大粒径。结构工程用大体积混凝土。粗集料的最大粒径不仅与施工条件和工艺有关，还与结构的配筋间距、模板的形状等有关。因此，在混凝土配合比设计中，必须优化级配设计，加强搅拌，谨慎浇筑，严重振动，而不是选择大直径的粗骨料。

4. 细集料

三叶橙混凝土中的细骨料一般适合采用优质中、粗砂。实验结果表明，当细度模数为2.8，粗砂平均直径为0.381mm时，细度模量为2.2，平均粒径为0.336mm。混凝土每立方米水泥用量可减少2835kg，耗水量可减少20～25kg，从而降低混凝土温升和混凝土收缩。

细骨料的质量直接关系到混凝土的质量。因此，细集料的质量指标应符合国家标准的有关规定。混凝土试验表明，细集料中泥浆含量是影响混凝土质量的主要因素。细骨料中泥浆含量过大，会对混凝土的强度、收缩、徐变、抗渗性、抗冻性和易性产生不利影响。特别是它会增加混凝土的收缩，导致混凝土的抗拉强度下降，甚至对混凝土的抗裂性能更不利。因此，在大体积混凝土施工中，砂土的含量不应超过2%。

5. 外加剂

大体积混凝土施工加入缓凝剂可以防止施工裂缝的形成，延长振动和夯实时间。在大体积混凝土中，水化放热不易消散，易引起较大的内外温差，导致混凝土开裂。缓凝剂的加入可以减缓水泥水化放热速率，有利于混凝土的散热和温升的降低，有利于避免温度裂缝的发生。

（二）配合比设计

大体积混凝土配合比受结构形式、强度、耐久性和温度性能要求的限制。因此，在设计配合比时，应考虑以下几点：

（1）应采用水化热低、凝结时间长的水泥，如低热矿渣硅酸盐水泥、中热硅酸盐水泥、矿渣硅酸盐水泥等。在使用硅酸盐水泥或普通硅酸盐水泥时，应采取相应措施，以延缓水化热的释放。

（2）粗集料采用连续级配，细集料采用中砂级配。

（3）大体积混凝土应配以缓凝剂、减水剂和外加剂，以降低水泥的水化热。

（4）在保证混凝土强度和坍落度的前提下，大体积混凝土应增加外加剂和骨料的含量，以降低每立方体混凝土的水泥含量。

（5）确定大体积混凝土比例后，应检查或测量水化热。

（三）施工

大体积混凝土及钢筋混凝土结构，如高层建筑箱板基础、大型设备基础、大体积、高完整性要求等。在施工中，一般要求混凝土连续浇筑，不留下任何施工缝。如果必须保留施工接头，应征得单位同意，并应符合《混凝土结构工程施工质量验收规范》（GB 50204—2002）（2011版）的要求。施工中应采取分层浇筑，考虑水化热对混凝土施工质量的影响，特别是在炎热气候下，应采取降温措施。

1.施工要点

大体积混凝土浇筑时，应分层。为确保混凝土在浇筑过程中不发生离析，方便浇注振动的压实，保证施工的连续性，施工时应注意满足以下要求：

（1）当混凝土自由落差高度超过2m时，应采用管柱、溜槽或振动管技术，以保证混凝土混合料不分离。

（2）采用分层浇注时，各层厚度均符合相应规律，以保证振动压实。

（3）下层混凝土在凝结前，应浇筑上部混凝土并进行振动。

（4）在分级分层浇筑过程中，应保持混凝土浇筑速度一致，物料供应平衡，以保证施工的连续性。

2.施工工艺

（1）控制浇注层的厚度和过程，以利于散热。

（2）控制浇注温度。

（3）预埋冷却水管。循环水用于降低混凝土温度，进行人工导热。

（4）表面绝热。表面绝热的目的不是限制温度的上升，而是调节温度的下降速率，从而减小表面与内部温度梯度引起的应力差。因为，在混凝土硬化并获得相当大的弹性后，环境温度降低，内部温度升高。加在一起，温度梯度和应力差都会增加。特别是在寒冷的天气中，必须减缓表面的热量损失，因此，通常采用保温材料来覆盖它。

（四）混凝土的热性能

控制大体积混凝土裂缝的关键是施工前混凝土温度场的预测。根据热传导原理，利用有限元软件对混凝土温度场进行了分析和预测。

仅限于关系的长度，热传导原理可参考相关文献，此处不作介绍。重点介绍了混凝土温度和温度参数的选择。

1. 混凝土热性能

在大体积混凝土温度场的模拟分析中，混凝土不仅用作热交换器（水泥、外加剂和水在水化过程中），而且还用作热传导。混凝土的温度特性直接影响温度场的模拟结果。

水化模型水泥掺量相同但水泥品种不同的混凝土绝热温升不同，水泥越细，升温速率越快，但水泥细度不影响最终热值。水泥水化热模型是一个随龄期变化而变化的模型，通常是指数级的。

2. 温度参数

在大体积混凝土温度场模拟分析中，应考虑绝热温升、最高温升、人体温度、环境温度等因素。

绝热温升在没有任何热损失的情况下，水泥和水化产生的反应热在温升后转化为最大温差。

最高温度。大体积混凝土的最高温度由三部分组成：模板温度、水泥水化热引起的温升和混凝土的散热温度。对于较厚的混凝土，内部最高温度可视为人体模温和绝热温升之和；对于厚度较小的混凝土，最大内温为人体模温和最高温升之和。最大温升与厚度有关，即绝热温升与散热温度之差。

人体模型温度。混凝土的人体温度与环境温度、混凝土输送机的类型、运输时间、运输距离等因素有关。浇筑当天的空气温度直接影响模具的温度，温度通过影响混凝土构件的温度影响模具的温度。一般来说，人体模型的温度相当于日平均温度。

环境温度。环境温度应根据当地季节和天气条件来确定，浇注时的平均温度一般可以计算出来。另一方面，环境温度对混凝土表面温度的影响很大，而对混凝土砌块核心温度的影响较小，这是可以忽略的。如果我们重视环境温度对温度场的影响，就可以把环境温度的变化看作是时间的正弦（或余弦）函数。一般来说，环境温度变化的影响是可以忽略的。

3. 温度场模拟

利用大型有限元软件对大体积混凝土水化热温度场进行了数值模拟。

（五）温度应力分析

为了有效控制大体积混凝土施工过程中的裂缝，必须根据混凝土配合比设计、施工条件和施工前施工工艺进行必要的理论计算。检查和计算混凝土在每个冷却阶段的总拉应力。如果该值小于混凝土的抗拉强度，则温度下降和收缩不会导致混凝土结构开裂。

大体积混凝土基础的穿透裂缝主要是由平均降温差和收缩差引起的温度收缩应力过大所致。混凝土受外界约束（2D）引起的温度（包括收缩）应力一般采用王铁梦法计算。

混凝土收缩的等效温差是混凝土干燥收缩及其自身收缩引起的变形值，相当于引起相同变形量所需的温度，从而根据温差计算温度应力。

（六）大体积混凝土温度监测技术

大体积混凝土结构在施工和养护过程中会产生两种变形：冷却引起的温度收缩变形和水泥水化引起的水化收缩变形。在约束条件下，这些变形会在结构内部及其表面产生拉应力。当拉应力在相应龄期超过混凝土的抗拉强度时，结构出现裂缝。因此，在大体积混凝土施工过程中。为了避免温度应力过大，防止温度裂纹的发生，或将裂纹控制在一定的范围内，必须进行现场温度测量，并掌握温度的混合情况。

预测了混凝土结构的温度场分布和混凝土结构的温度变化趋势。本文介绍了施工中常用的几种测温方法。

1. 手工测温

人工测温是指在结构的代表性部位设置一个温度孔，它位于结构的中间，不影响结构。测温孔由下端密封的钢管构成，每孔注入250mm高的水柱（油较好）。用普通酒精温度计测量温度，测量标准为-10+100℃。为了方便和快速的测温，在每个孔中插入一个温度计，每次取下温度计，然后及时放进洞中，温度计必须放在洞的底部。读数应快速、准确，每次测温后应及时用软木塞堵住孔洞。

2. 电子温度计

仪器的组成和功能。电子温度计一般由主机和温度传感器两部分组成。主机配有电源开关、照明开关、温度传感器插座和液晶显示屏，可对测量的温度值进行数字化显示。具有温度测量准确、直观、快速、操作简单、使用环境广等特点。温度传感器主要有两种：温度传感器和嵌入式温度传感器。

温度探头由插头、电线、手柄和金属管组成。金属管的内端封装温度敏感元件。在与主机连接后，可以测量材料和混合材料的温度。

嵌入式温度传感器的测温线由插头、导线和温敏元件组成。在与主机连接后，可以测量物体内部的温度，也可以在施工中的任意点或多个点测量温度。根据不同测温点的深度，有不同的长度规格。

如何使用仪器。在大体积混凝土或冬季施工中，通常测量大气温度、材料温度、出口温度、人体温度和混凝土温度。在养护期间，不仅要测量混凝土的浅层温度，还要测量不同深度的混凝土内部温度。使用电子温度计可以快速获得各种温度数据。

3. 混凝土温度自动记录仪

温度计拉长自动平衡记录仪（或温度计）和铜热阻温度传感器，加装定时自动膨胀装置，各铜热阻温度传感器必须用环氧树脂密封，以保证不渗水。

提高了埋设在混凝土中的铜电阻温度传感器的温度。增加电阻，将温度信号通过普通铜芯胶线转换成电信号，输入混凝土测温记录仪的信号。

混凝土测温记录仪是通过测量电阻的变化来显示温度的仪器。该仪器的基本原理是电桥的平衡方式：采用被测传感器作为信号源，构成桥的第一臂。电桥的误差信号被放大以驱动电机，从而通过一组传输系统驱动指示机器和桥中滑动线电阻的滑动臂，直到桥趋于平衡，打印系统在记录纸上自动打印被测点的温度。并能直观地阅读。

4. 人工组装测温装置

该测温装置由WZGM-201端铜电阻（温度传感器）、XMDA-12数字电路显示器、WKZ型油浸式多点开关和电缆组成。

可选用硅电阻温度传感器、A/D转换板、计算机、电缆等构成计算机自动测温系统。首先将温度传感器嵌入测温点，然后将测温电压信号转换为计算机可接收的数字信号，由计算机自动记录温度数据。

计算机温度监测系统由光纤光栅温度传感器、调整器、计算机、光缆等组成。首先，将光纤光栅温度传感器嵌入测量点，并与解调器连接。波长信号由计算机采集并转换为温度值。温度传感器也可以使用热电偶、铂电阻等传感器，当然还有其他一些测温装置，不在这里列出。

5. 计算机测温系统

温度测量系统简介。大体积混凝土温度监测系统是由上海建筑工程集团技术中心（总公司）和同济大学共同开发的。整个数字系统用于监测大体积混凝土水化热过程中的温度变化，掌握混凝土的温度波动，指导混凝土的保温措施。当大体积混凝土温差超过极限时，系统可及时提供图形、声音等多媒体报警方法，提醒工作人员及时采取相应措施。

温度测量系统的结构。系统采用上位机和下位机的方案，主要负责大体积混凝土的温度采集和采集，上位机根据采集到的数据进行数据分析、处理和存储。大体积混凝土的温度变化用图形、声音等多媒体手段表示，并在温度超过限值时提供了相应的报警方法。

下位机采用LTM-8003智能温度采集模块，一个模块有8个测试电缆接口，每根电缆可连接64个测温点。该电缆是一个四芯拉伸电缆与一个保护套. 将原始温度测量封装在测温电缆中。测量温度的原点与测量温度的电缆平行连接，因此单个测温原点的损坏不会影响电缆上其他测温元件的信息。

最初的温度测量是以美国达拉斯公司生产的DS18820数字温度传感器为基础的。为了避免安装和试验过程中的水和损坏，长沙金码高科技工业有限公司被委托对传感器进行封装。封装后的传感器在测温过程中具有很高的可靠性。

主机采用稳定的Windows2000操作系统，数据库采用Access2000。上位机采用VISUALBASIC编写监控程序，以图形、声音等多媒体形式显示系统状态。

6. 测温系统的特点

该系统具有以下特点：

1）测量范围为-55℃ 125℃，温度测量分辨率为0.1℃，基本测量精度在-10～85℃范围内为±0.5℃，具有校准和校正功能。

2）多重保护隔离设计，抗干扰能力强，可靠性高。

3）软件功能丰富，操作界面方便。

4）完善的网络通信功能，能与计算机进行高速、高效的双向数据交换。

5）良好的软件平台，具有二次开发能力，能满足特殊的功能需求。

6）自动识别传感器数量，自动对传感器进行排序，保持相同的顺序，极大地方便了系统的维护。

（4）测温系统软件的主要功能

1）温度和层间温差的实时检测。

2）可对高温和温差限值进行报警。

3）整个项目监控过程中的所有数据可以根据用户的设置自动存储。

4）可对温度数据和曲线进行浏览、查询和打印。

5）测温点可按要求进行编号和显示。

6）可选择测温点参与控制。

7）施工过程中及时自动记录损坏的传感器，提示用户，控制中所涉及的传感器可以及时退出控制。

6. 不同测温方法的比较

传统的人工测温方法比较原始。自动化程度低。手术不够方便。错误很大。同时，预留测温孔破坏了结构的整体部分，需要在今后加以填补。

电子温度计测温应手动进行。该方法具有效率低、劳动强度大、检测周期长、不能掌握整个温度变化趋势等优点。这种测温方法也不符合现代施工技术的要求。

混凝土温度自动记录仪克服了传统测温方法的不足。传感器精度低，传输工程中模拟信号的缺陷导致测量点的布置不能满足需要。线路很复杂。温度测量系统抗干扰能力差，测温线长度对测量精度的影响很大，测温工作与施工之间的相互干扰，使得测温系统只能应用于简单、小型的工程中。然而，复杂而重要的工程场地的温度监测远远不能胜任。也不能用于需要测试温度场的工程和研究。可预测的。随着现代工程监测技术的发展，这种检测方法也将逐步淘汰。

计算机测温系统能够准确掌握混凝土温度场，预测整个温度的变化趋势，满足理论计算和验证。符合现代信息化建设的需要，是未来测温系统的发展方向。

（七）大体积混凝土温控技术

浇筑后，混凝土的内外温度梯度由内外贮存法控制。达到控制裂纹的效果。所谓外储，就是用较好的保温材料，如麻袋、薄膜、稻草袋等覆盖混凝土表面，使混凝土表面的温度不受环境温度的太大影响，从而控制内外温差和所谓的内部分散。也就是说，在混凝土中设置冷却水管，冷却水从混凝土中吸收热量，并加速内部冷却以控制温差。机制不同，但效果是相同的。

1. 外存贮法

采用外储保温方法，根据浇筑前混凝土材料配比、人体温度和环境温度，估算混凝土表面与空气温度的差异，计算放热系数 β，并根据公式向后推保温层厚度，采取保温措施。然而，由于隔热材料的导热系数范围很广，计算结果误差较大。实际维修。绝缘层厚度应根据测量温度进行调整。一般来说。混凝土表面覆盖着用于保湿的薄膜，薄膜h上覆盖着两层用于保温的麻袋，或者一层薄膜覆盖在袋子上。

2. 内分散法：冷却水管

20世纪30年代，美国胡佛大坝首次采用冷却水管，效果良好。之后，在世界范围内得到了广泛的应用，成为大体积混凝土施工中的一项重要的冷却措施。它具有灵活性、适应性和有效性等优点，已成为大体积混凝土施工中的主要温控措施之一。

工程经验表明，在使用冷却水管英寸时，一般要求符合7项条件：

（1）控制混凝土在第一阶段冷却时的冷却范围，我国目前的经验不超过6～8℃。

（2）控制混凝土的冷却速率。根据美利坚合众国管理局的规定，每天不超过0.56℃，我国的一些项目不超过1℃/d。

（3）为控制一次冷却的持续时间，我国部分工程使用冷却水（水温4℃，8℃）715天，美国使用河水1521天。

（4）控制水管温差，现行标准为20～25℃。

冷却水管的布置。冷却水管一般以李子和水井的形式排列，如图2-3所示。从照片上可以看到。两者都有一个“死角”，冷却效果差（图中的阴影段），但矩形排列中的阴影面积明显大于梅花排列中的阴影面积。因此，从冷却效果看，梅形布置优于矩形布置，但由于施工方便，大多数工程采用矩形布置。在冷却水管道布置设计中，应考虑温度控制的两个基本要求：冷却效果和经济性。为了获得符合温控要求的经济合理的布局方案，应考虑相关因素对上述两种基材要求的影响。这些因素主要包括管径、管距、单管长度、流量和冷却水温度。

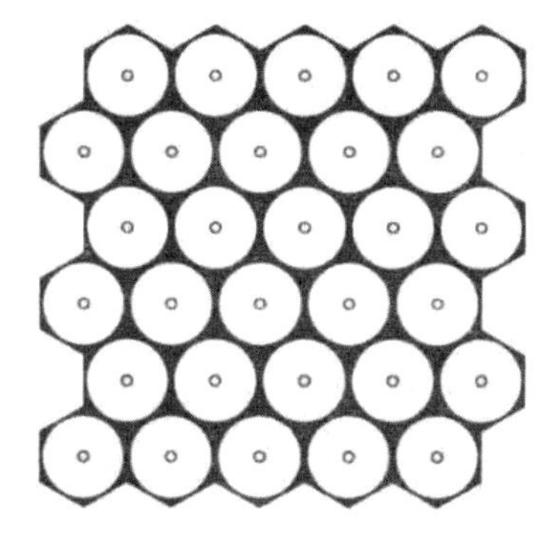
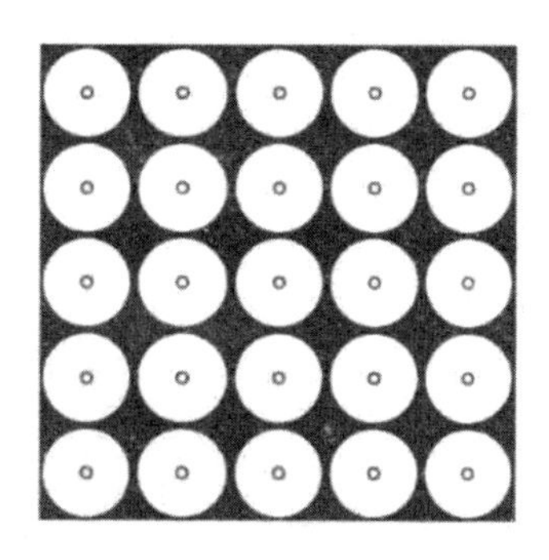

（A）梅花形布置（B）矩形布置

图2-3 冷却水管的布置

在冷却水管层与层间相对位置的布置中，一般要根据工程实践考虑冷却水管布置的方便性、供水装置、水处理、经济效益等。

混凝土的冷却效果较小，同时增大管径对降低早期水化热温升的作用不明显。

但由于管径的增加，增加了管道和泵的成本，因此在早期增加管径以加快冷却速度或降低水化热温升是不经济的。因此，适当减小管径不仅不会显著降低冷却效果，还会节约管材，降低成本。然而，随着管径的减小，管道的阻力也随之增大。为了保持相同的流量，管道内的水的流速也会增加，这必然会增加水力损失。因此，冷却水管的直径可以选择25.4，也可以适当增加到28，不需要增加管径。

管道间距的选择。管间距是影响冷却效果的一个重要因素。冷却速度与水管间距平方成反比。对早期水化热温升的降低也有显著影响。

管道距离的减小会导致管道消耗急剧增加。单位长度管冷却的混凝土体积与管距的平方成正比，但当管径和壁厚不变时，管的单位重量混凝土冷却体积与管距的平方成正比。结果使管道间距减少了一半，管道消耗增加了2倍。因此，水管道间距的选择必须综合考虑冷却效果和管耗。

如果冷却水管采用黑色铁管，则应结合施工层厚度考虑管道的垂直间距，因为在浇筑间隔期间，管道的垂直布置应在水平施工接头处进行，否则在浇筑混凝土时应将管道埋。这将增加施工干扰，因此黑铁管的垂直间距应与浇注层厚度相一致，即1.5～2.0m。水管水平间距的选择必须保证冷却效果，并考虑节约管道材料，降低成本，使施工尽可能方便。建议水管水平间距为1.0～1.5m。

导演的选择。当冷却水在混凝土中流动时，其温度逐渐升高。随着冷却水在水管中停留时间的增加，冷却效果逐渐减弱。因此，需要限制冷却水管蛇形布置的长度.单冷却水管过长，冷却效果差，单冷却水管过短，冷却水与混凝土之间的温差过大，增加了进出水管接头。根据现有的工程经验，一般将冷却水管长度控制在80～200m。

第三节　多肋板模壳施工技术

一、技术准备

1.选择模壳

根据结构工程设计要求和模板翻转次数，确定了模具外壳的品种和规格。模具壳体肋高时，应采用玻璃钢模壳，采用气动脱模工艺。常用的模具是塑料模具和玻璃钢模具，如图2-4和2-5所示。

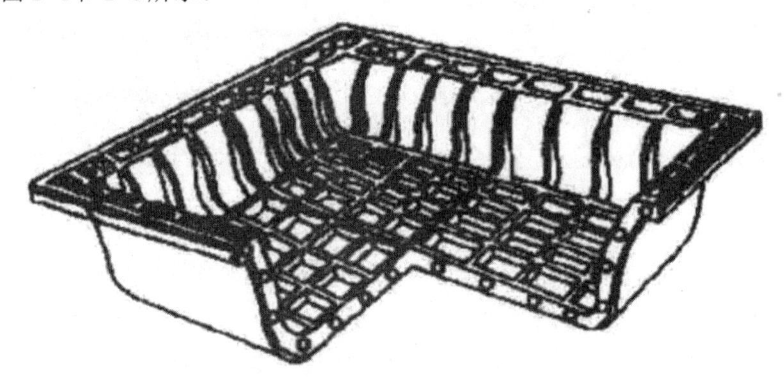

图2-4 塑壳

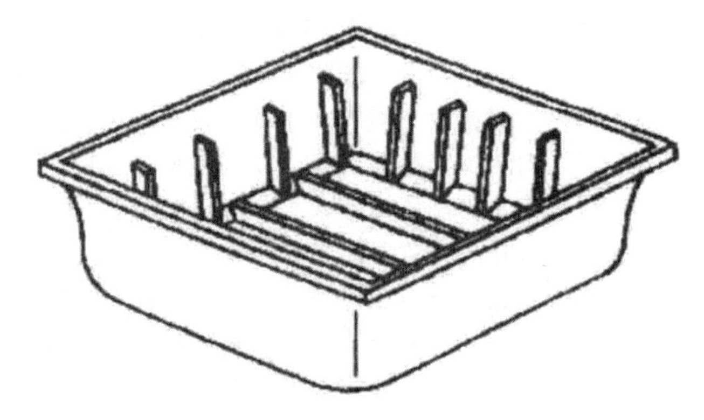

图2-5 玻璃模壳

根据壳的结构将其分为两类：

（1）M形模壳：为方壳，适用于双向密肋楼盖。

（2）T形模壳：长模壳，适用于单向密肋楼板。

2. 模具分布设计

根据密肋地板的果汁尺寸和模具外壳设置工艺，绘制模具的布局和型材。

3. 模板施工方案的编制与批准

可见，模板的施工荷载不得超过要求，桩材均匀，在现浇结构中应满足底层楼板的承载力要求。

对现浇混凝土模板支护系统进行了设计计算，其支撑系统满足设计要求。

所述支撑模板的柱材满足要求，底部用垫子支撑，纵向和水平支座按规定布置，柱间距离符合规定。

明确拆模要求，按相同条件拆除模板混凝土强度报告；混凝土强度达到规定的拆除前。

劳动组织：合理划分流段，采用小断面施工。每个流段布置多个工作小组来安装和拆卸模具外壳。

二、材料要求

1. 塑料壳

塑料模壳采用注射成型技术，采用改性聚丙烯塑料制成。

特点：重量轻（例如1.2m×1.2m塑料塑壳，单重21～30kg），耐老化，价格低廉。但由于其刚度和抗冲击性能不如玻璃钢模具外壳，因此需要用钢截面进行加固，且难以人工拆模，壳体容易损坏。

规格：由于注塑机容量有限，一般将塑料模壳加工成1/4模壳，然后用螺旋枪将4件组装成一体。

壳体尺寸：肋间距900mm×900mm，1200mm×1200mm，1500mm×1500mm，1200mm×900mm，肋高300mm，350mm，400mm，500mm。

质量要求：表面光滑，无气泡，空鼓；4块外壳，其接头应水平垂直；壳体底部和顶部应平整。没有扭曲。

力学性能见表2-1。

表2-1 塑料模壳的力学性能

序号	项目	性能指标/（$N\cdot mm^{-2}$）
1	拉伸强度	40
2	抗压强度	46
3	弯曲强度	38.7
4	弯曲弹性模量	1.8×10^3

（5）加工规格尺寸的允许偏差如表2-2所示。

表 2-2 尺寸允许偏差

项次	项目	允许偏差
1	外形尺寸	－2
2	外表面平整度	2
3	垂直变形	－4
4	侧向变形	2
5	底边高度尺寸	2

2. 玻璃钢模壳

玻璃钢模壳是以玻璃纤维网格布为增强材料，不饱和聚酯树脂为黏结材料制成的模具外壳。

特点：重量轻（例如27～28kg，单重1.2m×1.2米玻璃模壳），刚度、强度和韧致应变性能优于塑料模壳，翻转次数达80～100倍，无需配筋，气动脱模，速度快，效果好。

品种：模具外壳通用规格：肋距900mm×900mm，1200mm×1200mm，1500mm×1500mm，1200mm×900mm；肋高300mm，350mm，400mm，500mm。

质量要求：

表面光滑，不得有气泡、空鼓、裂纹、脱层、起皱、纤维外露和跌落角等现象；

用于气动脱模的空气喷嘴应该固定在一起，空气孔应该被打开，模具外壳的四个底部边缘的底部应该是平的，没有翘曲。周围区域密集，绝不能有漏风现象，不得不均匀，为了防止在角模壳内部应光滑，不得有飞刺。

（4）力学性能，见表2-3。

表 2-3 玻璃模壳的力学性能

序号	项目	性能指标/（$N \cdot mm^{-2}$）
1	拉伸强度	1.68×10^2
2	拉伸强度模量	119×10^2
3	冲剪	9.96 ~ 10
4	弯曲模量	1.74×10^2
5	弯曲弹性模量	$1.02 \sim 10^4$

3. 支撑

采用“先拆模壳后拆柱”的制度，加快了模具壳体的周转速度。

（1）钢支撑系统。钢柱、钢龙骨支撑体系由钢柱、钢龙骨、角钢等组成。

可调标准钢支架：承载能力15～20kN。在H柱的顶部，增加柱头以固定钢龙骨。

钢龙骨：为150　75mm矩形钢梁，用3mm钢板压制而成。沿龙骨纵向每隔400mm设置一段ф20mm钢管，作为销钉孔。角钢50×5，沿龙骨通常设置。销钉ф18mm。

（2）钢支柱和桁架梁支撑体系由可调钢支柱、柱板和桁架梁组成。图2-6是早期拆卸柱；盖板：由支撑顶部的螺栓固定的拆卸和装配模板装置，由方形钢柱、支撑板和铸钢支撑楔组成。

桁架梁：轻钢结构，翼缘两侧的100mm法兰顶法兰是模具外壳的支撑。梁的两端通过突出的舌悬挂在裂缸盖板上。在此支撑体系下，密肋板的小肋底部在脱模后是光滑的。

钢支座和桁架是钢支撑系统中常用的一种。同时，将底座与可调支架同时放置，使模具壳体早期拆卸支撑系统具有工具化、标准化的特点。

（3）门支撑系统。

本实用新型采用模块化组合门框，由整体框架组成，顶部为上托架，底部为底座支架。主梁以100mm×100mm正方形木为主梁，主梁为70～100mm方木。其间距与密肋的间距相同。二次梁两侧采用50×5钉的角钢作为模壳的支撑。这种支撑系统还可以采用先拆模壳，再拆肋底支撑的方法。

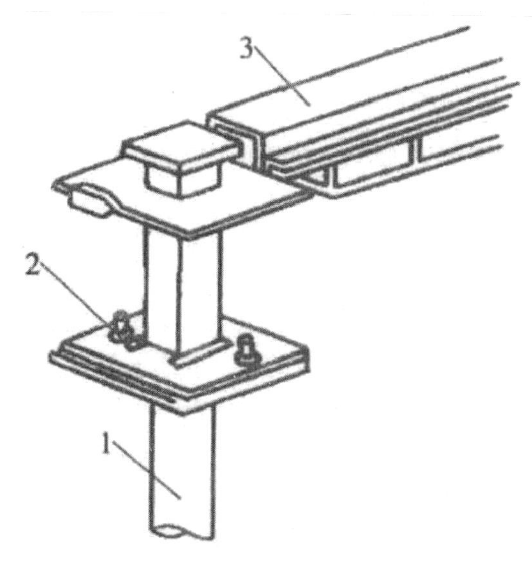

图2-6 早期木材气缸盖

1钢支柱；2柱板；3钢桁架梁

三、主要机械和工具

钢带量具，水平尺，扳手，锤子，撬杆等。

玻璃钢模壳采用气动拆模时使用的机具还有：气泵（工作压力不小于0.7MPa）、耐压胶管（Φ9.5mm氧气管）、气枪、橡皮锤等。

四、操作条件

（1）复查图纸后，按地板布置板，绘制安装示意图；

（2）模板刷脱模剂和不同规格的堆叠；

（3）控制模板施工前的标高的墙或柱上的水平线，以及钢筋支撑在混凝土建筑物地板上的位置线；

（4）应提供模板系统的所有材料；

（5）模板拆除前施工人员的技术基础。

五、建筑技术

（一）工艺流程

1. 支模

在楼板上画出钢支撑轴线，钢支撑、框架、支撑模、梁支撑、模侧模板、模壳位置线、主龙骨（或柱板）、水平拉杆、角钢（或桁架梁）安装，排模壳接头铺设油毡发泡剂。

2. 拆模

拆卸销和角钢（或丝锥柱板支撑楔，使桁架梁脱落），拆下模壳，拆下龙骨（或拆下桁架梁），拆卸水平拉杆和拆下支柱。

（二）业务流程

1. 支撑系统安装

钢支撑的底座应是平的，坚固的，柱子的底座要用长垫子衬里，楔子要紧固，钉子要固定。

柱的平面布置应安排在模具壳体的四角支撑上，大规格模壳可对主龙骨柱进行适当加密。

根据设计标高调整支架高度。当支架高度大于3.5m时，水平拉杆每2m设置一次；采用碗式紧固件时，每1.2m设置一次水平拉杆，以提高支柱的稳定性，作为操作架。

将龙骨托架（或柱板）螺栓固定在支柱顶部。

龙骨置于基座上，矫直为50×5角钢（或桁架梁两端的舌悬挂在头板上）。在安装龙骨或桁架梁时，应采用直通式控制，以确保它们之间的距离是准确的。

壳体的施工荷载应控制在25～30N/mm^{2}之间。

2. 模壳安装

壳体布置原理：在圆柱形网络中，从中间排列到两侧。当侧肋不能使用模具外壳时。嵌木模板；

安装主龙骨贯穿线，间距要准确，水平垂直。根据划分的模壳线，壳体依次排在主龙骨两侧的角钢（或桁架梁法兰）上；

相邻模壳之间的连接用油毡条或胶带密封，以防止泄漏。气动除模时，应先关闭空气喷嘴，用50mm左右的方形黏接剂（作为预检验项目检查），浇筑混凝土时应设置特殊护罩；

安装模具外壳后，应再次刷掉脱模剂。

3. 模壳拆除

（1）一般规定

当柱跨间距≤2m时，当混凝土强度达到设计强度的50%时，当柱跨＞2m、≤8m时，混凝土强度可达到设计强度的75%，模壳和主龙骨可拆除。当混凝土强度大于8m时，只有当混凝土强度达到设计强度的100%时，才能去除混凝土。

拆卸模具时，敲下销钉，拆下角钢（或撞击圆柱形板的支撑楔，拆下桁架梁）。

用铁撬轻轻地挤兑，取出模具外壳，转移到建筑物的地板上，清理干净，刷上脱模剂，然后运输到堆叠处，最后拆卸支柱和支柱。

在移除模型之前申请批准。

（2）气动脱模工艺

玻璃钢模壳施工操作要点如下：

在气泵上安装压力软管，在软管的另一端安装气枪。

该气枪喷嘴针对结晶器壳7L的进气口，启动气泵（气压0.4～0.6MPa），压缩空气进入壳体与混凝土的界面，使模壳分离。

脱下模具外壳，把它搬到大楼的地板上。如果外壳边缘与龙骨之间有少量牙髓漏出，请用撬棍轻轻地将外壳移除。

4. 密肋楼盖施工中应注意的问题

钢筋装订应符合图纸设计要求和钢筋结构施工技术规范。双向密肋板钢筋的设计应明确纵向和横向底部配筋的上下位置，以免由于底部钢筋相互交织而无法施工。

根据设计要求制备了7种混凝剂。集料由直径为0.5～2cm的石料和中砂组成，根据季节温差选择不同类型的减水剂。

混凝土浇筑应垂直于主龙骨，密肋部分采用30mm或50mm插入振子，采用板式振子保证混凝土质量。

密肋板较薄，一般为50～100mm，为防止混凝土水分过早蒸发，应采用塑料薄膜等早期养护方法来防止裂缝。

（三）质量标准

1. 主控制工程

在安装现浇结构上部模板及其支撑时，下楼板具有承载能力，或增加支撑；上下层支撑柱应准确，垫板应铺设到位。

在涂装模板隔振器时，不要将钢筋和混凝土染色，以加入该地方。

2. 一般项目

模板安装应满足以下要求：

1）模板的接缝不应泄漏。

2）模板与混凝土的接触面须用隔离剂清洁及涂覆，但不得使用影响装饰工程的结构性能或阻碍其建造的隔离剂。

3）浇筑混凝土前，应将模板内的杂物清理干净，不得将水储存在模板内。

4）在清水混凝土工程和装饰混凝土工程中，应采用能够达到设计效果的模板。

支票数量：全额支票。

试验方法：观察。

对于跨度不小于4m的现浇钢筋混凝土梁和板，模板应按设计要求进行拱形；当设计没有具体要求时，拱的高度应为跨度的1/1000—3/1000。

第四节　清水混凝土及模板技术

清水混凝土属于混凝土结构工程范畴，是一种特殊的混凝土结构工程。它既有一般普通混凝土工程的特点，又有其特殊性。其特点是无抹灰，成型后的表面光洁度达到了抹灰的标准，节省了抹灰的湿法操作、装饰材料和其他施工浇铸，缩短了施工周期，消除了抹灰、涂饰等质量安全隐患。

以白面混凝土的自然表面为建筑装饰，是建筑艺术的一种新时尚和新风格。它体现了现代人对自然的追求，回归自然。由于其耐久性、安全性和经济性，近年来在我国的公共建筑、高层建筑、多层建筑、城市桥梁、市政工程、港口码头和高层建筑中得到了广泛的应用。

高耸建筑和地标建筑被广泛应用。清水混凝土工程技术作为一种先进的混凝土自然装饰技术，在原材料的选择、混凝土的配制、模板的设计与制造、工艺技术等方面都有着特殊的要求。在清水混凝土的质量控制和检验中，必须有技术方法和控制检验标准。

1. 定义和常用术语

白面混凝土的定义：指混凝土表面质量达到成型后抹灰标准的混凝土，直接使用混凝土的天然表面作为饰面或直接涂覆在混凝土装饰表面上。根据对清水混凝土的定义，清水混凝土应包括预制装配、清水混凝土结构和现浇清水混凝土结构。本章所要阐述的施工技术主要是针对现浇清水混凝土结构。

白面混凝土的通用术语。

清水混凝土结构：以混凝土为主体的现浇结构和预制结构，包括素混凝土结构、钢筋混凝土结构和预应力混凝土结构等。

现浇结构：是现浇混凝土结构的缩写．它是一种在现场建造的混凝土结构，作为一个整体进行浇铸。

施工缝：混凝土浇筑过程中因设计要求或施工要求而形成的接缝。

开口缝：在混凝土表面上有条纹或装饰的线凹。

蝉缝：混凝土表面的模板缝制或面板缝制，隐约可见，就像蝉印一样。

2. 分类和分类

根据不同建筑对面板混凝土的不同功能要求，对清水混凝土的表面质量类型进行了分类。不同类型、不同等级的清水混凝土在原材料的选择、模板的设计与制造、技术要求等方面都有不同的要求，有利于工程造价的控制和产品质量的控制。

根据不同建筑装饰功能的要求，将清水混凝土的表面等级划分为四个等级，以英文字母“Q104”表示。分类标准见表2-4。“建筑装饰工程质量验收规范”（GB 50210—2001）中的“白面混凝土分类分级标准”是指“建筑装饰工程质量验收规范”（GB 50210—2001）的有关规定。

表 2-4 白面混凝土表面等级分类

清水混凝土表面等级类别	清水混凝土表面做法及应用工程范围和质量要求	混凝土表面质量相当于抹灰等级标准
Q1	以混凝土自然平滑表面为饰面。蝉缝、明缝清晰、孔眼整齐、分格尺寸标准	高级抹灰
Q2	以混凝土表面预埋饰物为饰面。蝉缝、明缝清晰、孔眼整齐、分格尺寸标准	装饰抹灰
Q3	将混凝土表面砂磨平整为饰面，孔眼按需设置或在混凝土表面上做涂料、裱糊等饰面	普通抹灰
Q4	以混凝土拆模后的木纹或线条或其他特殊图纹形状为饰面（也可称为装饰混凝土）。蝉缝、明缝、孔眼按需设置，可修饰	普通抹灰

一、技术简报

（一）质量控制和验收标准

1. 质量控制

清水混凝土结构施工项目应有施工组织设计和特殊的施工技术方案。施工现场质量管理应制定相应的施工技术标准、完善的质量管理体系、施工质量控制和质量检验体系。

清水混凝土结构作为一种高等级混凝土自然的装饰技术，目前国内尚无一本专项的、统一的国家颁发的清水混凝土质量检验标准和工艺技术规程。在工程实践中一般参照下列国家标准制定相应的专项施工技术标准：《混凝土结构工程施工质量验收规范》（GB 50204—2002）（2011 年版）、《建筑装饰装修工程质量验收规范》（GB 50210—2001）、《建筑工程施工质量验收统一标准》（GB 50300—2001）、《粉煤灰混凝土应用技术规范》（GBJ 146—1990）、《普通混凝土配合比设计规程》（JGJ 55—2011）。清水混凝土结构工程制定相应的专项施工技术标准和工程技术文件中对施工质量的要求不得低于上述标准的规定。

清水混凝土结构工程可分为模板、钢筋、混凝土材料等几个子工程。根据施工模式一致性原则和施工质量控制方便的原则，将各子工程按楼板、结构节点或施工段划分为多个检测批次。

在钢筋、混凝土、现浇结构等相关子工程验收的基础上，对部分工程进行质量控制数据检验和感知质量验收。

接受公平表面混凝土结构的质量应包括：

1）实物检验：原材料、结构件和其他产品的复验，应当按照进境批次和产品抽样检验方案进行；检验应当按照抽查总数的合格点率进行。

2）数据检验：产品质量证书（产品质量证书、规格、型号和性能测试报告等）原材料、施工部件等，以及施工过程中重要工序的入境复验、自检、交接检验记录、抽样检验报告、见证检验报告、隐蔽工程验收记录等。

验收项目、子工程、混凝土结构的质量验收程序和组织，应当符合“建筑工程质量验收国家标准”（GB 50300—2001）的要求。

2. 验收标准

根据不同等级计算了清水混凝土结构成品的误差.

清水混凝土结构误差验收标准。清水混凝土是指结构混凝土的表面质量达到抹灰标准或成型后高于抹灰标准。因此，可以参照普通混凝土和抹灰工程的质量标准，并参照其标准，来确定清水混凝土结构的质量验收标准。

白面混凝土外观质量标准（见表2-5）。

表2-5白面混凝土外观质量标准

检查项目	外观质量要求
视觉效果	混凝土表面平整光洁，棱角线条顺直，色泽基本均匀，无大面积抹灰修补
表面质量	无蜂窝麻面，无明显裂缝和气孔，无露筋，楼板错台不大
污染情况	无漏浆、流淌及冲刷痕迹，无油迹、墨迹及锈斑，无粉化物
模板拼缝	模板蝉缝及明缝位置规律整齐，上下层模板接缝设在分格线内
穿墙螺栓	孔眼排列整齐，孔洞封堵密实，颜色同墙面基本一致，凹孔棱角清晰圆滑

影响清水混凝土质量的技术因素。与普通混凝土相比，清水混凝土的关键在于其表面质量高.它的最终质量取决于以下几个因素：

1）清水混凝土的原材料和面层混凝土的配制。

2）结构建筑物的模板设计、加工、安装和取模，并对开、蝉节点的连接进行了详细的处理。

3）结构建筑物的现场施工，包括测线、钢筋黏结、混凝土浇筑、振动维护等。

4）结构产品保护和施工过程管理。

清水混凝土结构质量验收方法。根据《混凝土结构施工质量验收规范》（GB 50204—2002）的有关规定，对清水混凝土结构的质量进行了检验。

（二）原料和准备

1. 原料

清水混凝土工程的原材料应满足一般混凝土工程的要求，可参照《混凝土结构工程施工质量验收规范》（GB 50204—2002）（2011版）规范实施。

白面混凝土工程原材料采购原则。

水泥：普通硅酸盐水泥或普通硅酸盐水泥，强度等级为P32.5或普通水泥。同一项目要求相同的厂家、同类、相同的强度等级产品，并应使用低氯低碱水泥。

粗骨料（碎石）：强度高，粒径5～25mm，级配连续，泥浆不超过1%，无碎屑。同一项目要求确定产地、规格和颜色。

细集料（砂）：选用中粗砂，细度模数2.5或以上，泥质含量小于2，不含杂物，相同工程要求确定产地，固定砂细度模数，固定颜色。

粉煤灰：根据《粉煤灰混凝土应用技术规范》（GHJ 146—1990）规定的Ⅱ级粉煤灰及以上产品，要求生产厂家、品牌、固定含量。

外加剂：对制造商、品牌和外加剂的要求。

第一批原料经监督合格后，应立即进行“密封样品”，对后一批物料进行比较，发现色差明显，不宜使用。

清水混凝土的原材料应具有足够的储存量，至少要保证同一层或同一视觉空间的混凝土颜色基本相同。

2. 制备

清水混凝土配合比设计应按照现行《普通混凝土配合比设计规范》（JGJ 55—2011）的有关规定进行。清水混凝土配合比设计既要满足强度要求，又要满足外观要求.

经多次试验确定最佳配合比。试验包括初步试验、可行性试验、泵送试验、抗震试验等。比例应稍加调整，以避免明显的色差产品。

满足了清水混凝土施工配合比主要参数的要求.

塌陷：将商品混凝土运至指定的卸料现场后，由测试人员进行滑塌试验。

水灰比：泵送混凝土时，水灰比为0.43～0.45。

砂率：泵送混凝土时，砂率应为40%～45%（中砂）。

混凝土的空气含量：低于3%。

（三）模板技术

1. 模板设计与流程

熟悉结构和施工图，根据设计要求，确定清水混凝土的表面类型及其施工范围。当果汁有亮缝和蝉缝时，检查亮缝的每一部分是否有相交环，以及阳台、窗台、柱子、梁和突出线相交等。市政桥梁工程应注意立柱与梁之间的线形划分和施工截面的合理划分。

根据施工流道断面的划分、模板翻转次数和清水混凝土表面实践的要求，合理选择了相应的模板和透墙螺栓类型。

白面混凝土工程的平面匹配设计、垂直截面设计、面板划分设计、螺栓布置设计和节点样设计。

模板系统加工图的设计、模板强度和刚度的机械计算、模板及附件数量的汇总和统计等。

2. 模板材料的选择与选择

（1）清水混凝土模板材料的选择。根据清水混凝土的表面等级，选择不同的模板材料。

高质量胶合板：胶合板应坚硬、光滑，颜色、厚度和厚度一致，厚度不小于120g/平方米，厚度误差小于0.5mm。

优质钢板：选用各种清水混凝土大模板，厚6mm的冷轧钢板。表面光滑。没有肿块，没有伤疤，没有锈斑，没有斑纹。

不锈钢或PVC单板。可用于清水混凝土。

圆柱形结构模板可用作纸筒模具，模具表面不应有明显的重叠，表面应进行避水处理。

混凝土装饰性模板可以由钢、铸铁、木胶合板等装饰模板或聚氨酯衬里模制成，可粘贴在普通大型模板上，形成装饰混凝土模板。

(2) 清水混凝土模板类型的选择。根据清水混凝土工程的设计要求，根据工程的特点、工作流程的划分和周转次数，选择模板类型。一般选用以下几种模板：1钢框架或半框架胶合板大模；2I形木梁、木方形胶合板大模（包括空心和实心腹板钢框架）；3优质钢板大模板和异形钢模板，多用于市政工程。

3. 模板设计

(1) 公平混凝土模板的划分原则。

1) 在机械设备起重力矩允许范围内，模板块造型、集成、模块化、通用化，并根据大型模板工艺进行模具匹配设计。

2) 将外墙模板分为轴心线和窗口中心线两部分，对称均匀。

3) 将内壁模板分为两部分：墙的中心线为中心线，实现了对称、均匀的布置。内壁刮油灰，做油漆涂饰，不受限制。

4) 外墙模板的上下节点位置应位于楼面标高位置，当开口节点位于楼面立面位置时，应采用开口接缝作为施工缝。

5) 开缝也可位于窗台的立面处、窗台横梁的底面高度、框架梁的底面高度、墙边线在窗与其他栅格线之间的位置。

6) 城市桥梁工程梁柱模板应以柱轴线为中心线对称布置，连接口应布置在梁柱交界处。截面和施工接头的划分应是统一的。

(2) 清水混凝土模板的连接原则。

蝉缝：整齐均匀的蝉缝，是混凝土表面的一种装饰。当建筑设计的施工图有一定的尺寸时，根据施工图进行施工。如果建筑图纸没有图形要求，则根据节点合理、均匀对称、宽、窄长度比例协调的原则，同时考虑模板面板材料的门尺寸、模板块和模板节点的设计。关节间隙和不均匀度应控制在±0.2mm以内。

开缝：开缝是影响清水混凝土表面质量的主要控制因素之一，也是清水混凝土表面的装饰隔断。一般来说，它的安装必须由架构师设计或确认。在清水混凝土工程中，开口节点的位置可作为施工缝，既可与模板上下连接，又可与分段连接。一般可以安排在模板周围。接缝应该是直的和清晰的，并且接缝的角应该是整洁的。

建筑物的开口和蝉节必须水平和垂直相交。

面板分缝尺寸应分别为1800mm×900mm和2400mm×1200mm，面板应垂直或水平布置，而不是双向布置。当整个块的尺寸不够时，应将宽度大于600mm的胶合板放置在中心模板位置或对称位置。当整个布置后出现较小的余数时，应调整胶合板规格或隔板尺寸。

板作为模板的面板，其面板裂开接缝应垂直布置，一般无横缝。当板垂直连接时，板的横向接缝须在同一高度。大模板上面板的裂开缝应均匀、对称地布置。

方柱或矩形柱模板一般不存在垂直缝，当柱宽较大时，其垂直缝应位于柱宽的中心，圆柱表面的油漆装饰不受此限制。柱模板的横向节点应从楼板高度均匀地布置到梁节点的位置，其余部分应放置在柱顶。

圆柱形模板的两个垂直接头应位于轴向位置，垂直接缝的方向应与群柱相同。

木胶合板通常作为水平结构模板的面板，应按照均匀、对称、水平和垂直的原则进行布置，弧面应采用径向辐射。

在非标准层中，当标准层模板的高度不足时，应将标准层模板与标准层模板等拼接在一起。

（3）清水混凝土阴阳角模板的处理原理。

胶合板模板的处理。胶合板模板应设置在负角部分的特殊角模具。角模与平模面的接缝处是蝉缝，边界之间可留下一定的间隙，以利于模具的脱模。角模的边长可以选择300mm或600mm，细节是根据内壁模板的布置来确定的。胶合板模板也可以设置在负角模的负角部分，平模可以直接重叠。这种方法只适用于周转应用程序数量较少的地方。在工程结构中的正角不能设置角模，采用平模一侧左右的平模厚度，与海绵条连接，防止浆料泄漏。

根据蝉缝、亮缝和穿壁孔的布置，可以选择以下两种方法：①正模可为单角钢或300～600mm宽角模具；②采用平模围绕其他垂直方向的平模厚度法，用海绵条连接以堵塞泄漏。

清水混凝土模板垂直缝的处理。胶合板的垂直缝位于竖肋位置。在刨平面板的边缘后，先固定一片，然后用透明胶水涂敷接缝，后一片紧贴在接缝的前部。胶合板水平接缝位置一般无横肋，为防止端面接缝位置渗漏，在接缝处加木短肋。钢框架胶合板模板可用于制作钢框架，并可将胶合板的水平接缝位置添加到横向钢肋上，面板边缘可被黏合和黏合。整个钢模应焊接在面板的水平接缝位置，如小角钢、扁钢等，用不透水处理，然后在背面涂漆。

单元格模板之间的连接处理。木梁的胶合板模板之间的连接板是通过增加木方和开口连接起来的，在拆模过程中，两个木边之间有一个间隙。木梁采用后冷加芯带的方法连接。铝梁胶合板模板与钢-木空心框架胶合板模板是通过一个空框架型材和一个特殊的夹紧工具连接起来的。实心腹板钢框架胶合板模板、半框架胶合板模板和整个钢大模板可以通过螺栓连接。

模板结构上下节点之间的连接。具体施工：节点设计应与建筑装饰的开缝相结合，即施工缝位于开口缝的槽内。在设计清水混凝土模板节点时，应将亮缝的装饰条与模板结合起来。可作为N+1模板装饰槽口下口，起到防渗浆体的作用。木胶合板上的装饰条应选用状态铝、塑料或硬木生产，宽20～30mm为宜，特殊结构可扩大线条宽度，其装饰效果得到建筑师的认可。

钢模板上的装饰线为钢板，用螺栓或插头焊接连接，宽度30～60mm，厚度6～10mm，内边45°。

面板上螺钉和铆钉孔的处理。面板采用胶合板，各种模板。该连接方法可由木螺钉或拉铆钉制成。对于A、B级清水进入胶合板内固定时，应使用相同的反向悬吊螺钉，面板不得有孔和锤子。对于低于C级的面板，螺钉和铆钉的沉头可以放置在面板的前部。沉头以2mm或3mm凹入面板表面。它可以用腻子压平，一些深褐色的漆可以混合在油灰中。使模板看起来更好。

4. 模板结构设计

应根据工程结构形式、荷载大小、地基土种类、施工设备和材料供应等，设计出清水混凝土模板结构和支护结构。模板和支架应具有足够的承载能力、刚度和稳定性，以可靠地承受浇筑混凝土的重量、侧向压力和施工荷载。

清水混凝土模板的设计荷载。设计荷载应考虑模板和支座的重量、混凝土侧压力、施工荷载、振动荷载等因素。施工段是由一个模压到顶部的侧压力来计算的。

清水混凝土模板的挠度控制。根据以下数据控制平面混凝土模板的挠度值：模板局部变形挠度值小于或等于1.5mm，模板肋跨变形挠度值小于或等于1.5mm，跨间固定拉杆挠度＞1/500，≤3mm；柱箍变形挠度＜B/500，桁架挠度＜1/1000。对于平面变形非常严格的混凝土结构，挠度的计算应按叠加刚度和组合刚度分别进行。

5. 基于模板的穿孔壁螺栓设计

穿过墙壁的螺栓的排列。平面板混凝土模板的墙体螺栓，除了具有相同的模板和承受混凝土的侧压力外，还具有重要的装饰作用。整齐、对称、水平和垂直螺栓孔可以发挥良好的整理效果。

由于设计中对蝉缝、开孔位置有明确的规定，模板通过壁螺栓孔定位是基于工程图纸的。

木胶合板模板采用900mm×1800mm或1200mm×2400mm规格。孔间距一般为450mm、600mm、900mm，边孔与板边的距离分别为150mm、225mm、300mm。孔密度应大于其他模板。

当外墙装饰孔布置位置与T壁接触时，负角模等部件不能安装壁螺栓，可设置半杆锥形接头，用螺栓固定在面板上，以达到装饰效果。

螺栓选型和孔封。通过墙螺栓应采用两个锥形连接的三节螺栓，应根据受力和装饰效果确定螺栓的规格。取下两端的锥形螺母后，可使用特殊的塑料装饰螺母进行密封。它也可以用相同标记的水泥砂浆密封，并用特殊的孔密封模具进行改性。

通过壁螺栓还可以使用摆动拉螺栓，在螺栓横截面上采用塑料套管，两端用锥形塞。拆模后，用砂浆堵住孔，用专用模对孔进行改性。

6. 模板的制造、加工和产品验收

选用清水混凝土模板，具有专业加工模板的经验。

清水混凝土施工单位在相应工程的施工组织设计中，应确定各类清水混凝土模板的验收标准。模板的验收标准应略高于清水混凝土成品的验收标准。不同类型的模板应制定相应的模板验收标准。

根据清水混凝土模板的设计要求和验收标准，加工厂应编制加工过程中的质量控制工艺路线和关键部分质量控制卡。

模板的成品应被100%的产品接受，逐个记录其误差和外观表面质量。不合格的产品不得降级用于公平的混凝土工程。

模板成品的验收由客户和加工方共同参加，必要时可以邀请监督方见证参与。

7. 模板安装

准备模板安装。在安装模板之前，必须检查和接受清水混凝土钢筋的质量。根据清水混凝土结构的施工要求，对混凝土结构进行了检测和铺设，并在基线上安装了喷射模板。在保证敷设线、墙边线、柱、梁截面、模板边缘线、孔位置线等的基础上，进行水准处理，以保证梁板高程和模板高程的准确性。对现浇施工段的结构荷载、施工荷载、模板荷载等的可靠度进行校核，如原支架等。

清水混凝土模板的安装精度应高于《混凝土结构工程施工质量验收规范》（GB 50204—2002）。

安装模板就位。模板的安装通常由起重机按先内后外顺序进行。

8. 模板去除

去除底模及其支座时，清水混凝土的强度应满足设计要求，在设计中没有具体要求时，混凝土的强度应符合表2-6的规定。

表2-6底模去除的混凝土强度要求

构件类型	构件跨度/m	达到设计的混凝土立方体抗压强度标准值的百分率/%
板	≤2	≥50
	>2，≤8	≥75
	>8	≥100
梁、拱、壳	≤8	≥75
	>8	≥100
悬臂构件		≥100

对于无承重侧模，应在混凝土浇筑结束后48h拆模，并同时拆模，否则会影响模板的颜色和颜色。拆卸应严格按照安装顺序中的反向程序进行。

在拆除侧模时，混凝土的强度应能保证混凝土的表面和边缘不受损伤。在相同的养护条件下，试块强度可达3MPa，冬季施工时模板的拆除应达到4MPa。

在拆除模板时，不应形成地板上的冲击荷载。删除的模板和支持应该是零散的堆叠和及时传输。

（四）清水混凝土施工

1. 加固工程

钢筋加工：由一家加工厂完成，钢筋的类型、规格、形状、尺寸和数量必须符合设计要求和规格。

钢筋连接：大于22mm的主钢筋应采用冷轧套筒或螺纹套筒连接；柱主钢筋不小于22mm应用溶渣压力焊接；φ16以下采用绑接。

保护层处理：柱、梁、墙的主配筋必须以1.0～1.2m的间距布置塑料保护层夹紧块，保护层的规格和厚度应根据结构设计保护层的要求确定。一般情况下，砂浆垫层不应用作清水混凝土的保护层。在密封前，必须清理钢丝，钢丝头必须全部向内折叠，并要求装订和清洗。

固定钢筋：为了防止混凝土浇筑时由于混凝土的冲击力和振动而引起的钢筋位移，模板顶部的钢筋应通过附加设施固定。

钢筋保护：在外露的抽筋柱顶上方，用水泥浆擦拭铁件，以防生锈和混凝土成品光洁度受到污染。

2. 浇注振动

清水混凝土应采取集中搅拌，用泵车承载。运输设备和抽水设备应配备备用设备，以便进行特殊故障排除。

混凝土的浇筑，如柱、梁、墙等，每个施工段需要一次性连续浇筑，施工缝应保持隐蔽。

在浇筑混凝土前，要做好专门的技术工作，履行操作人员的职责（关键是振动工人），实施班组的轮班时间和制度，做好气象信息的收集工作。避免在雨天施工，并在必要时准备防雨盖和防晒霜材料。

模板中的废物应在浇注和排水工作前进行清理。柱底施工缝和长间隔段应与浆体连接良好。灌浆材料应为同一等级砂浆，垫层厚度应控制在30～50mm。

在清水混凝土顶面浇筑时，应有可靠的标高控制标志。一般可以插入柱、墙和梁表面焊接双向短补强，作为控制点，然后拉控。控制点间距为1500～2000mm。

为了减少混凝土表面的气泡，在清水混凝土施工中应采用二次振动过程。第一种是在混凝土分布后发生振动，第二种是在混凝土层已经站立了一段时间之后。静态时间是根据混凝土标号和滑塌来确定的，一般控制在8～15min。

混凝土应分层分布，分层浇筑。控制混凝土的自由落差小于2m。布应直接进入型腔的模板，可用于各种方式，如：使用管状布串，直接用硬管加弯头布，用布机软管插入布等。每种布的厚度应控制在300～500mm。浇筑前应计算柱、墙、梁的浇筑量，以避免浪费。

应根据构件截面的大小、形状和高度配置相应数量的振子。振动点应设置在主钢筋的内部，而不是直接针对模板。振动点之间的距离应控制在400～500mm，振杆的移动距离应在250～350mm之间，且应以梅花的形状移动。对于大截面构件，振动应按周边至中间的顺序进行。

振动应通过快速插入和缓慢拉出来完成. 低层混凝土中插入振动棒的深度应为50～100mm，每次振动时间约为15s。在振动过程中，要观察到混凝土浆体，当混凝土表面不再下沉，混凝土表面没有气泡时，振动棒可以慢慢拉上来。防止超调。

为了严格控制两层混凝土之间的分配时间，必须将间隔控制在2小时以内。在浇筑混凝土的第一层后，当接缝层关闭时，中间段应比周边降低20～30cm，以保证混凝土最终固化后的灌溉和养护。

（五）养护和产品保护管理

1. 模板产品的保护

成品模板运到现场后，应仔细检查模板及其附件的规格、数量和产品质量，使管理井然有序、正确。

成品模板表面不得反弹油墨、油漆、书写、编号，以防止混凝土表面污染。

成品模板除了设计预留孔的设计外，还通过墙面，不随意打孔、刮擦、敲击。

脱模剂应选用不影响混凝土表面质量和颜色的高质量水性脱模剂。当选择发油剂时，必须均匀涂抹，用丝质擦去多余的油。

拆下的模板应有平整面堆放场地，保证其面板不受损坏。模板拼缝处的混凝土浆水用铲刀清除，面板用干净棉丝擦抹后，再涂刷脱模剂或清油，供周转应用。对面板有污浆的模板，胶合板用清洗剂擦洗干净，钢板面板用0号砂纸通磨清理。对于产生锈渍的模板应经过处理后才能应用。较长时间存放钢模应有防雨措施，以免产生锈斑。

2. 产品修理

在拆除模板后，应立即修补表面平整的混凝土产品。在修复之前，从有缺陷的地方取出漂浮的糊状物和疏松的石头。

修补砂浆应用相同类型的水泥、同一批水泥和同等强度的砂浆配制。修理用的砂浆应由提供混凝土的搅拌站提供。在制备过程中可以加入少量的界面剂和胶水（原则上必须保持颜色一致），对有缺陷的零件进行批量包埋和修复。

当砂浆硬化后，用细砂纸擦亮补丁，用清水冲洗，以确保表面没有明显的接触痕迹和色差。当修补材料的织构与原混凝土有明显不同时，可以使用精细抛光工具对两者的织构进行改性。

对于一般颜色的视觉缺陷，无法修复，随着时间的推移，用一批水泥将趋于相同的颜色。

3. 产品的维护和保护

清水混凝土制品应在浇筑完成后12h或最终凝固后保持。

除模前一般需进行水维护，冬季保温应进行。

未成型的混凝土应立即固化。清水混凝土的养护应采用喷洒养护液的方法．对于高耸的市政、桥塔结构和冬季施工中不能洒水的养护，可以采用刷固化液和包裹膜的方法。

清水混凝土的养护时间一般不少于7d，冬季不少于14d。

在结构工程完成前，必须通过人工涂装保护混凝土表面不受外力的意外破坏和表面污染。保护方法取决于工程现场的实际情况。

第二章　节能工程施工技术

第一节　自保温材料墙体施工

外墙自保温系统是墙体本身的轻质多孔材料所获得的节能和耐热功能。目前，墙体生产中使用的主要原料是非黏土原料，它包括非黏土烧结多孔砖、蒸混凝土多孔砖、蒸压粉煤砖、蒸压石灰砂多孔砖等。

一、空心多孔砖墙施工

常温下，空心砖应提前1～1.5d浇水湿化，空心砖含水率应控制在10%～15%。

砌体砂浆的砂应采用中砂，最佳使用混合砂浆，砌体多孔砖或空心砖最好与石灰浆等无机外加剂混合。在用水时，应注意水中的有害物质，严禁生石灰。该方法适用于空心多孔砖。

空心砖墙有整体砖平砌体、整体砖侧砌体、一砖半平砌体和砖与砖交汇的平砌体等砌体方法。整块砖平炮是使砖的孔呈垂直方向，可建造承重墙，为一砖或一砖半厚。整体砖边砌体

是使砖洞呈现水平方向，只适用于砌体不承受荷载隔墙。如果有半砖规格，也可以用整砖和半砖相空间制作。这种砌体方法可以称为混合平砌体，在高程上相对整洁。但它需要大量的工作来建造。

整块砖平的上、下皮与整体砖面的垂直接缝错开，是砖长的1/2。混合平板砌体的上、下皮交错，是砖长的1/4。

砌体前空心多孔砖试验摆，除不全砖外，还应用半砖。如果没有半砖规格，可以更换黏土砖。

所有无承重空心砖多孔砖墙底部至少有3块皮革普通砖，两侧各门窗孔一块砖。

空心砖多孔砖墙应同时修建，不要留下斜墙。砖石的高度不应超过每天1.8米。承重空心砖的孔洞应是垂直的，非承重空心砖的孔应是水平的，承重空心砖上的长圆孔应沿墙的长方向进行。

当墙高时，应在墙面上加入至少3条真皮实心砖带或直径为8mm的钢筋，全砖厚

度加3块，半砖厚度加2块。

施工期间，每天的砌体高度不得超过1.2m，并应避免雨水淋洗。冬季施工时，砌体灰缝厚度不宜大于10mm。

冬季施工中的砖块不宜浇水，严禁结霜，应适当提高砂浆的稠度。砂土含冰不得超过10毫米，使用盐砂浆施工时，抗冻砂浆强度等级应高于常温一级。采用盐拌砂浆砌体时，应对砌体中的钢筋进行防腐处理，一般应采用两行防锈涂料。

二、保温砌块墙施工

建筑保温砌块是一种新型节能墙体材料．我国常见的砌块有普通混凝土空心砌块、陶粒混凝土空心砌块、煤矸石硅酸盐空心砌块等。

砌体时，可不使用过多的水分块，浸水砌块；一般将相对含水量控制在40%以内，宜采用喷雾湿式砌块。为了建造190mm厚的墙，一面墙要挂在190mm以上的厚墙上。

砌体砌块应回洞，墙肋光滑，面大向上，采用“三位一体砌砖法”。水平和垂直层厚度应控制在8～12mm。水平灰缝应采用坐浆法敷设，浆体长度不得超过800mm；垂直缝应采用将灰分铺在砖端平侧并挤压工作面的方法。

空心砌块与砌体的内孔应对齐，上下蒙皮块的垂直连接应交错不少于一个孔，承压部分不应允许相同的连接，当非承重部分不可避免地产生相同的连接时，应增加连接用钢丝点焊网。严禁凿块使用。预置内指明的开口、喉管及嵌入部分，须预留予使用。如需分段切孔、切槽，严禁切孔超过100mm×100mm，以避免洞室周围部位出现裂缝。

砌块内外墙应同时修建，严禁保持直冲。墙的临时不连续性应设置为斜墙，斜墙的水平投影长度不应小于高度的2/3。不能左斜切，可由墙190mm伸入阴阳直查，并沿墙高埋入张拉钢筋或钢丝网每块皮砖。

砌块墙与混凝土柱、墙的连接。砌块墙和凝固七柱，墙在块状炮的交界处形成马齿状。第一次退却后，水平拉力加强，拉杆长度由左车次计算。承重混凝土砌块墙应按照先砌体墙再浇筑混凝土柱和墙的原则施工；在框架填充墙中使用小砌块时，应与框架内的预埋拉筋连接，填充墙建于顶面的最后表皮。与上层建筑接触时应使用实心块。

在垂直墙和水平墙的交界处或每个单元的交界处，交界处的上下圆孔应对齐，在砌筑时，应按设计要求将冷拔的低碳钢长条置于平灰缝内。不要放在相同的接缝里。所述钢网紧固和搭接，所述搭接网格的长度满足网格的长度。当对领带网的设计没有特殊要求时，通常是每三个皮革砖中的一个。

三、加气混凝土砌体

1. 加气混凝土砌体

粘贴砂浆砌体时，水平灰缝厚度和竖向灰缝宽度应控制在1～3mm。混合砂浆砌体时，水平灰缝厚度不得大于15mm，竖向缝宽度不得大于20mm。对于厚灰层，水平垂直的，对于垂直的灰层，应该填紧，可以暂时采用内外夹紧措施。

加气混凝土砌体的上、下部砌块应相互交错，搭接长度不应小于砌块长度的1/3。竖直墙与水平墙的交界处和外墙角处的一块。应分为皮肤咬伤、错位构造。砌体的垂直接头不得与窗孔边缘连接。

加气混凝土砌块承重墙每层应设置现浇钢筋混凝土环形梁，应咬伤外墙的角部和内外墙的界面，每1m左右墙高的水平灰色节点应设置206根钢筋或网状结构，两侧嵌有1m左右的墙面。

砌体前，砌块须按砌块平面及垂直结构图布置，小于整块的可锯成所需尺寸，但不得少于砌块长度的1/3。如果底层厚度大于20mm，则应采用细石混凝土来寻找扁枪。

加气混凝土砌块单层墙体时，应设置加气混凝土砌块，墙体厚度应为砌块的宽度，双层墙为中间层（70～80mm）的加气混凝土砌块。两层间每层500mm墙的高度应设置在4#6钢筋的水平灰色节点上，间距为600mm。

在砌体加气混凝土砌块中，上下护皮砌块的竖向灰缝应交错，长度不应小于砌块长度的1/3，不小于砌块长度的1/3不小于150mm。当不能满足要求时，应在水平灰色缝中放置6个抗拉筋或4个钢网，张力杆或钢网的长度不得小于700mm。在墙角处，垂直墙和水平墙的砌块应相互咬伤和重叠，隔断的砌块应暴露在墙角处。T形交界处的炮块墙，应使水平墙块表皮露头，并位于垂直墙砌块内。

对于管壁管道，应事先确定管道的位置和尺寸，以预留为主要因素，以减少后知后觉，破坏墙体。加气混凝土砌块的切割、刺穿、开孔必须用专用工具进行，不得使用斧头、凿子和切割机，不得随意砸碎砌块的砌体墙。施工脚手部应采用双外足底手或内足底手，不得在外墙上留下脚手架孔。

2. 加气混凝土砌块墙张拉加固的安装

承重墙的外墙转角处、墙体交接处，均应沿墙高1m左右在水平灰缝中放置拉结钢筋，拉结钢筋为3Φ6，钢筋伸入墙内不小于1000mm。

非承重墙的外墙转角处，与承重墙体交接处，均应沿墙高1m左右在水平灰缝中放置拉结钢筋，拉结钢筋为2Φ6，钢筋伸入墙内不小于700mm。

墙的窗口处，窗台下第一皮砌块下面应设置3Φ6拉结钢筋，拉结钢筋伸过窗口侧边应不小于500mm。墙洞口上边也应放置2根Φ6钢筋，并伸过墙洞口每边长度不小于500mm。

加气混凝土砌块墙的高度大于3m时，应按设计规定做钢筋混凝土拉结带。如设计无规定时，一般每隔1.5m加设2Φ6或3Φ6钢筋拉结带，以确保墙体的整体稳定性。

第二节　外墙外保温体系的施工

外墙保温系统由黏结层、保温层、保护层、装饰层等组成，用于外墙外表面无承载保温系统。与其他保温系统相比，外保温系统的优点相当突出，是应用最广泛的节能技术，其基本结构如图3-1所示。

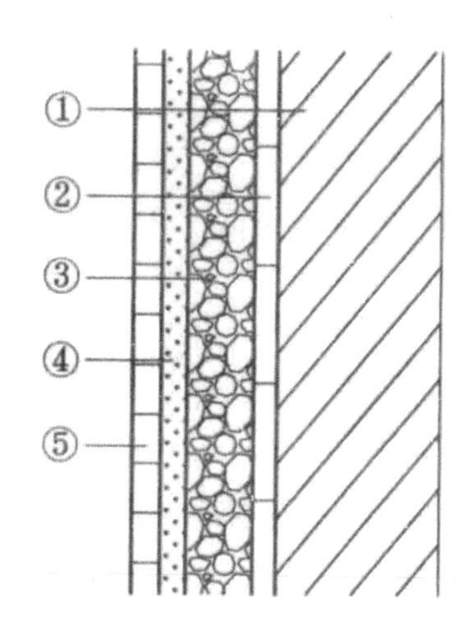

图 3-1 外墙保温系统结构图

1-结构层；2-黏结层；3-隔热层；4-保护层；5-单板层

一、模制聚苯乙烯板外保温系统

模制聚苯乙烯板（EPS）外保温系统是以模制聚苯乙烯板（EPS）为保温材料，用黏结剂固定在基壁上，必要时可用地脚螺栓加强与基层的连接。用浆和增强玻璃网形成薄抹灰保护层。根据设计要求，通过涂装或砖修整，将表面放置在建筑外墙上。白蚁对EPS板具有侵蚀作用，可在无白蚁灾害的地区使用，也可采取防止白蚁的措施。当建筑物高度大于20m时，应使用地脚螺栓固定负风压较大的部位，表层装饰材料应采用涂层。结构图如图3-2所示。

在施工过程中，清理基层，找出扁平弹性线，粘贴EPS板（可作为锚杆辅助使用），平整EPS板表面，用界面处理剂和刮面膏对EPS板表面进行清洗和涂抹。铺上玻璃纤维网作保护层，刮伤柔性防裂腻子喷涂涂饰材料。

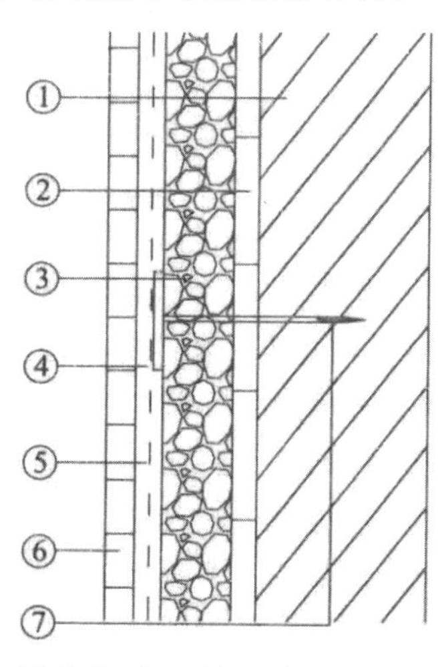

图 3-2 模塑聚苯乙烯板外保温系统结构图

1-基座；2-黏合剂；3-EPS板；4-玻璃纤维网；5-薄涂层；6-涂饰层；7-地脚螺栓

（一）建筑环境中应注意的事项

夏季施工时，应避免晒太阳。如有必要，施工脚手架可设置在防晒布上，以遮挡施工墙。防止雨水在雨中冲刷墙壁。

冬季施工期间和施工后24h内，基础墙的空气温度和表面温度不低于5℃，施工期间风电不大于5级。

（二）施工技术要点

1.底壁清洗

在粘贴聚苯乙烯板的过程中，应去除和平整基壁表面，使墙面略湿润，如附着体凸出，阻碍附着力，消除和平整空鼓和松动部分。

2.黏接剂聚苯乙烯板

前面的黏土应在壁面上布置EPS板的孔分布，并根据墙面悬挂线的要求；粘贴法有点粘法和带材粘着法，且不能涂布在板的侧面。

点卡住。沿聚苯乙烯板边缘涂覆不锈钢胶浆，浆宽50mm，厚10mm。在采用标准尺寸聚苯乙烯板时，需要在板表面中部设置5个粘着点，每点直径为100mm，浆料厚度为10mm，中心距离为200mm。用点贴法固定聚苯乙烯板时，应保证黏接面积不小于40%。

棍子在聚苯乙烯板的背面涂上完全的黏合膏（即100%的黏接剂面积到聚苯乙烯板上），然后用专用锯齿擦拭将聚苯乙烯板的表面紧紧压紧，与锯齿表面形成45°，刮掉锯齿之间多余的黏合膏，聚苯乙烯板有几条宽度为10毫米的浆料条，厚度为13mm，中心距离为40mm，平行于聚苯乙烯板的长边。

用黏接剂完成聚苯乙烯板后，应从建筑外墙开始，上下交错接缝，板与板的接缝紧密，作用应轻轻均匀地挤压，长度大于2.0m的尺可用于整平作业。

聚苯乙烯板紧固后，当缝宽超过2mm，高度差大于1.5mm时，应用聚苯乙烯板填充或平整。

在外墙角处，聚苯乙烯板顶部与底部的垂直接缝应垂直交错，以确保安装在墙角的板的垂直度。

地脚螺栓固定：24h后可固定聚苯乙烯板，钻入壁深不得小于30mm，固定部位不得超过板。

3.薄涂抹膏

EPS板在表面粘贴施工前必须牢固（至少24h）。粘贴层应采用两种抹灰方法。第一个是2mm厚，然后安装玻璃纤维网。第二浆料是在第一表面凝固前制成的，厚度为1mm，完全覆盖玻璃纤维网，为第一层添加玻璃纤维网和浆料。

将标准玻璃纤维网布从上到下涂在一层薄薄的浆糊上。粘网布时，应用刮刀将其从中间压入砂浆的表层。应平整、压实、浅、中，严禁净布折痕。在网格中，张力长度不应大于6m，覆盖长度为100mm。在设计V形或U形槽时，不应切断网眼，将网格压入V形或U形槽，并在表面用浆料制成V形或U形接头。

4.外涂装干燥，符合施工要求。

细致的涂料应用；其涂料应采用柔性腻子，外保温，考虑涂料、腻子、粘贴砂浆的相容性，自上而下涂漆。

二、胶粉聚苯颗粒保温浆料外墙保温系统施工（不得作为严寒地区保温材料单独使用）

橡胶粉聚苯乙烯颗粒绝缘浆料的外保温体系由基层、保温层、防裂保护层和涂饰层组成。系统的基本结构如图3-2所示。

（一）施工过程

环境温度和保温层温度应高于5℃，风不应大于5级。雨天应该有避难所。

1. 涂装施工工艺

刷界面砂浆挂竖线基层处理，橡胶粉聚苯乙烯颗粒弹性控制线保温浆料的配制，抹灰饼，冲孔棒和橡胶粉，聚苯乙烯颗粒绝缘浆，抗裂砂浆，耐碱浆，刷洗，弹性底涂，刮软腻子，外墙涂料施工。

2. 面砖装饰施工工艺

垂直线砂浆悬浮在基层处理与刷界面，弹性控制线制备胶粉聚苯乙烯颗粒绝缘浆料抹灰饼，冲筋-抹灰聚苯乙烯颗粒绝缘膏固定镀锌砂浆电焊网，采用二次抗裂砂浆砖钩缝。

（二）施工技术要点

基层墙的处理。清理后，无油污、浮尘、混凝土脱扣剂、留洞及风化松动部分应修补，以去除表面超过10mm的凸出物。

首先，每层使用2m杆尺来检查墙壁的平整度，用2m托架线板来检查墙面的垂直度。每层顶部约10cm，大墙体的阴阳角约10cm，根据悬挂在大墙角的钢垂直控制线的厚度，以界面砂浆为标准贴纸粘贴50mm×50mm聚苯乙烯板。

1. 固定标准贴片后，在两层之间拉出水平控制线，用小螺纹将小圆钉插入标准贴片中，将小线伸直，使小线控制高于标准贴片。在两张贴纸之间的距离为1.5m，水平粘贴若有数千个标准贴纸。

垂直线距地板底部约10cm，标准贴纸贴在遮阳角大墙的10cm处（当地板较高时，两人应一起完成），然后按1.5m左右的距离沿垂直方向粘贴标准贴纸。

绝缘泥浆结构根据冲裁筋的厚度，对聚苯颗粒绝缘浆料进行分层，每道次厚度为20mm，最终道次厚度为10mm。每次通过的间隔应超过24h。从上到下，从左到右，按顺序抹灰。最后，用棒子在墙上来回摩擦，到高处填低，以确保表面是平的。

2. 防裂保护层及涂装工人

（1）涂装整理。保温层施工3～7d，保温层厚度和平整度通过隐蔽验收后，只能进行防裂层的施工。

在抗裂层施工前，应根据地面高度对耐碱塑料玻纤网布进行裁剪，使织物的伸长率达到3m左右。

根据施工比要求，配制抗裂砂浆、砂浆应配合使用。现场使用砂时，应使用2.5mm筛网，以确保砂体尺寸符合规范。

使用抗裂砂浆和网布。砂浆一般分两个阶段完成，第一阶段为3～4mm厚，然后用刮刀将玻璃纤维网压入砂浆，搭接缝宽度不得小于50mm。玻璃纤维网眼布要平滑无褶皱，饱满度应达到100，然后再应用第二次找平裂缝砂浆，平滑压实。建筑物一楼应覆盖双层玻璃纤维网.

建筑物一楼外保温墙在双层玻璃纤维网之间应有一个特殊的金属角，保护角的高度一般为2m。第一次玻璃纤维网架施工后，用双层玻璃纤维网布加固负角、阳角、门窗角的其他层，袋角网布的单面长度不应小于15cm。

防裂砂浆基层干燥后，在平整面后，可建造涂饰层，刮去不平整处，找出柔性防水腻子，进行修补。抗裂层完成2小时后，可对聚合物乳液的防水层进行刷。要刷均匀，不要漏水。防水涂料干燥后应光洁光滑，刮除柔性防水腻子。

（2）砖整理。

根据梅花形膨胀地脚螺栓将表面砖贴面嵌入底墙，使挂在镀锌钢丝网上的面砖重量通过22根钢丝传递到底壁。如为砌块墙，则应将混凝土埋设件掩埋，将膨胀螺栓和固定热镀锌四边形焊接网钉入结构墙体，钉扎深度不得小于25mm。

当保护层厚度大于60mm或砖边长较短时，应在墙角加设六角形金属网，在保温层表面放置20mm位置。

防裂保护层的施工应在吸收十层干燥后在保温层内进行，防裂砂浆厚度为2mm，然后将镀锌四边形网格分段铺设，每节长度不得超过3m。同时，四角网眼应夹紧一个U形夹子，使其接近砂浆表面。然后，地脚螺栓尾端22丝和丝网固。热镀锌四角焊接网局部翘曲应小于2mm。通过热镀锌四角焊接网的平整度试验，可以进行第二节抗裂砂浆抹灰，抗裂砂浆的总厚度控制在10±2mm。

丝网墙、阴阳角、窗孔、护墙、沉降缝等取头处，直接用铅钉固定在基层墙体上。

三、EPS发泡聚苯乙烯板无现浇外墙外保温体系的施工

EPS膨化聚苯乙烯板（EPS）无网浇现浇外墙保温系统.具体方法是将钢丝网架聚苯乙烯板置于墙外模内浇筑。墙体混凝土建成后，外墙保温板和墙体将同时存活。

1.施工过程

安装了墙体钢筋，安装了缓冲块，组装了保温板，并安装了墙体模板，并将其传送到拉拔螺栓上，建造墙体混凝土拆除模具，混凝土维护保温板，对玻璃纤维网布表层颗粒和聚合物砂浆涂饰中的底层聚合物砂浆和压力进行平滑和修复。

2.施工技术要点

绝缘板安装。根据弹射水平线和安装线的设计，保证在装配线上装订墙体钢筋时，钢筋一侧的保温板弯曲成L形。将水泥垫固定在保温板墙面钢筋的上侧面和外侧面，并留出保护层的厚度。

在保温板高低槽处均匀刷特殊胶水，先安装阴阳角保温板，然后安装大面积保温板，绝缘板必须相互黏合在一起。用聚苯乙烯薄膜胶水填充门窗两侧的沟槽，以免浇筑混凝土时在现场运行。

先在保温板上均匀地指出地脚螺栓，然后在锚固位置上打孔，然后在孔洞中突

出，管道尾部与钢筋捆绑，垂直与水平的距离为600mm，呈梅花状排列，门窗开不开。

模板安装在安装外墙模板时，应采取相关措施防止对保温板的压力，并确保模板的垂直性。为了消除阳台隔断和隔墙隔断部分的“热桥”，可将其放置在保温板的两侧。

浇筑墙体混凝土时，在浇筑过程中，禁止泵管上的聚苯乙烯板材料，振动棒不得与保温板接触，以免损坏保温板。

模板被移除后，先到外面，在拆卸时间小心不要碰保温板。

使用聚合物水泥砂浆。

使用泡沫、聚氨酯或其他绝缘材料在保温板上堵塞墙壁螺栓上的孔。

清洁保温板表层，使表面清洁无污垢，如局部不均匀，用聚苯乙烯颗粒保温砂浆进行局部平整或抛光，默认较大需要使用聚苯乙烯板进行修补。

按设计规程搅拌好的聚合物水泥砂浆均匀地涂在保温板表面。

根据地板的高度、窗台的高度和梁的高度，在施工前切割玻璃纤维网布。完成第一层聚合物砂浆后，立即垂直放置玻璃纤维网布，用木垫将其压入聚合物砂浆中。网眼布之间的重叠长度应大于50mm，立即涂上一层抗裂聚合物砂浆，使网布上覆盖浆料，不超过网布表面的厚度可达1mm。

擦拭底部的聚合物砂浆。保温层修补超过24小时后，下一次手术。在厚度为2～3mm的聚苯乙烯板表面均匀涂覆两层砂浆。

梅什在门窗开孔处，在45°方向加一层400mm×200mm网格，加固网位于大网下。沿水平方向将大网格压平，用刮刀将网格从中向底平平，将其压入底部的灰泥中。网格的左右搭接宽度应大于100mm，上下圈宽度应大于80mm，确保网格不出现起皱、边缘现象。

保护层的第一层应覆盖两层玻璃纤维网，保护层的正角应配备专业的金属保护角。

用盖好的砂浆来保护表面。抹灰层弹性聚合物砂浆，抹灰层厚度为网布，覆盖砂浆总厚度为3～5mm；施工后，下一工序只能在面层砂浆干燥后进行。

油漆。涂料是最好的喷涂，如果你需要辊涂，它是适当的挠性水腻子，弹性涂料。

伸缩缝和装饰缝的处理。在每一层之间应保持水平层膨胀节，内嵌有泡沫塑料棒，外表面用缝膏缝制。竖向节点一般都是设置点阵装饰节点，其位置应根据墙体面积而留节点，在板式建筑中应小于30m^2。

四、EPS膨胀聚苯乙烯板无网浇现浇外墙保温系统施工

该系统是将EPS单向钢丝网置于墙体钢筋的外部，将直径为6mm的防锈钢筋插入板上，将其与墙体钢筋结合，再在墙体钢筋上添加水泥垫，最后安装内外大模板。浇筑混凝土。脱模后，在网格板的表层上加入抗裂剂的水泥砂浆，形成厚厚的抹灰面层。根据设计要求，可作为涂饰层，如表面涂覆层、玻璃纤维网布保护层、弹性腻子防裂层等。最后，在表面制备有机弹性涂层。

1. 施工过程

安装钢筋包扎保温板，安装混凝土浇筑和施工模板，必要时拆除混凝土养护（内压钢丝网），用胶粉、聚苯乙烯颗粒绝缘浆料（内压钢丝网）浆或防裂砂浆、外墙饰面砖或喷漆材料在浆体保护层。

2. 施工技术要点

（1）钢筋黏结。绝缘板附近的钢筋应弯曲成L形，以避免刺穿绝缘板。

（2）保温板的安装。

根据所绘制的块标线，按顺序安装，要求板面靠近砂浆垫，采用模板控制线和线降垂直线的方法对保温板的平行和垂直进行调整。

安装绝缘板时，板与板之间的高低凹槽应用专用胶黏合。板与板之间的垂直缝中的钢丝应用间距＜150mm的燃火线牢固地固定。保温板就位后，L形6mm钢筋应通过600mm×1/3板的高间距排空，保温板的长度不得小于100mm，用引线将其与墙钢筋连接在一起。

绝缘板外面的低碳钢丝网应根据地板的高度断开连接。设计需要保持伸缩缝的位置，应将泡沫塑料棒置于绝缘板断开的间隙。

在阴阳角、窗户四角和板垂直连接处加装网眼（按要求尺寸由厂家提供），钢丝网架聚苯乙烯板上的附加网眼和网眼必须用引线牢固地固定。

（3）模板安装

首先安装墙壁的外部模板和墙的内部模板。安装时避免与挤出保温板发生碰撞。

（4）浇筑混凝土

在浇筑墙体混凝土之前，应在保温板顶部采取屏蔽措施，并设置保护层，保护层形状为“II”，宽度为保温板的厚度和模板的厚度。浇筑墙体混凝土在浇筑过程中。禁止泵管切割到聚苯乙烯板上，振动棒不应碰触隔板，以免损坏绝缘板。

（5）移除模板。

先拆下外模板，然后拆下内模板，确保墙面混凝土角不被损坏。

取下套管后，在混凝土墙体的某些孔中使用10个硬质砂浆扭转塞，在钢丝网架聚苯乙烯板孔中使用保温材料。混凝土墙孔深度应不小于50mm。

（6）使用水泥砂浆。

清洁绝缘板的表面，并修复板的缺陷部分。钢板和钢丝上的界面剂应刷得均匀，不暴露在底面上，如果有缺陷，应进行修复。

根据平整度、垂直度和抹灰总厚度不应大于30mm的原则，采用抹灰工艺铺饼，强化抹灰工艺。

（7）喷涂整理材料或贴面砖。

第三节　建筑屋面节能系统的建设

屋面保温的优点和缺点不仅影响到建筑节能，而且对顶层墙体的开裂也有重要的影响。如果屋面保温效果不佳，由于温差过大，结构层会发生剧烈变化，从而导致墙体开裂，尤其是顶部墙体开裂。因此，加强屋面保温性能是建筑节能的需要，也是防止温度变化引起墙体开裂的重要手段。

一、倒顶板施工

这种屋面保温形式是外保温屋面形式的倒置形式。它以保温层作为防水层的上部，在保温层与地板的界面上使用防水层，保温层上部的保护层具有良好的透水性和透气性。节能型屋面结构一般由保护层、隔离层、保温层、组合层、防水层、平整层、斜坡层和结构层组成。结构展馆见图3-3。

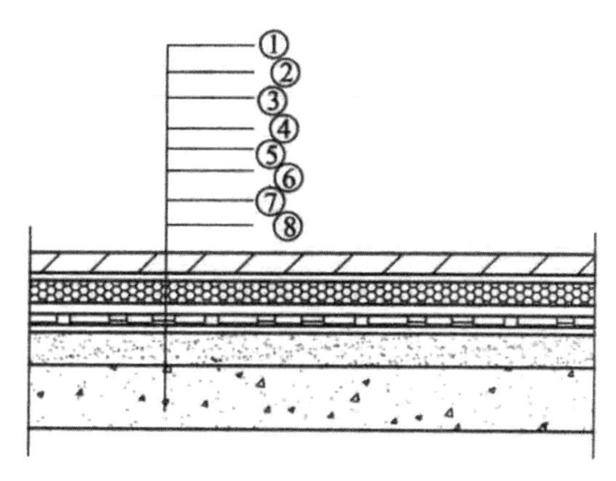

图3-3 平顶倒置施工图

1-层保护层；2-层隔离层；3-层绝缘层；4-层黏结层；5-层防水层；6-层平整层；7-层斜坡层；8-层结构层

（一）材料准备

倒置屋顶可采用低表观密度、低导热、低吸水率、高比热容和一定强度的轻质材料，如聚苯乙烯泡沫塑料、硬质聚氨酯泡沫或泡沫玻璃等。

倒置屋面应采用防水卷材、防水涂料等具有良好防水、抗霉变、耐腐蚀性能的柔性防水材料作为防水层，不得使用含有植物纤维或植物纤维的卷材作为防水层。

（二）坡度要求

平屋顶排水坡度增大到2%，但不宜超过3%。

（三）施工流程

清理结构层表面，检验材料→找平层施工→清理基层→节点附加层施工→防水层施工→蓄水或淋水检查→铺设保温层→铺设隔离层→保护层施工→质量检查验收。

（四）施工方法

1. 防水层施工

防水层应根据不同的防水材料，采用相应的施工方法与施工工艺，防水层应有一定厚度，具有足够的耐穿刺性、耐霉性和适当延伸性能，具有满足施工要求的强度。

2. 保温层施工

倒置式屋面的保温层必须采用低吸水率（<6%）的保温材料。下雨和5级风以上不得铺设松散保温层。穿过结构的管根部位，应用细石混凝土填塞密实。

（1）屋面松散材料保温层工程施工（松散保温材料主要有工业炉渣、膨胀蛭石及膨胀珍珠岩）。

施工流程：

清理基层→弹线找坡→铺设保温层→抹找平层。

施工方法：

• 基层清理。保持基层干净、干燥。

• 铺设保温层。松散材料保温层应分层铺设，并适当压实，每层铺设厚度不宜超过150mm，为了准确控制铺设的厚度，可在屋面上每隔1m摆放保温层厚度的木条作为厚度标准，压实后不得直接在保温层上行车或堆放重物。保温层应该设置分格缝，应符合设计要求和施工规范的规定。

• 抹找平层。铺抹找平层时，可在松散保温层上铺一层塑料薄膜等隔水物，以阻止砂浆中水分被吸收而降低保温性能。抹砂浆找平层时应防止挤压保温层，以免造成松散保温层铺设厚度不均匀。

• 细部处理。

①排气管和构筑物穿过保温层的管壁周边和构筑物的四周，应预留排气口。

②女儿墙根部与保温层之间应设温度缝，宽以15～20mm为宜，并应贯通到结构层。

（2）板状材料保温层施工（主要有挤压聚苯乙烯泡沫塑料板、水泥膨胀蛭石板、沥青膨胀珍珠岩板、沥青膨胀蛭石板、水泥膨胀珍珠岩板、硬质聚氨酯泡沫塑料、加气混凝土板、泡沫玻璃）。

施工流程：

清理基层→铺设保温层→抹找平层。

施工方法：

• 基层整理：铺设板状保温材料的基层应平整、干燥和干净。

• 铺设保温层：

①采用铺砌法进行铺设时，板状保温隔热材料应紧靠在需保温的基层表面，并应铺平垫稳；分层铺设的板块，上下层接缝应相互错开，板间缝隙应用同类材料嵌填

②采用粘贴法铺砌板状保温材料时，应粘严、铺平。用玛琦脂及其他胶结材料粘贴时．在板状保温材料相互之间及与基层之间，应满涂胶结材料，以便相互粘牢；采用水泥砂浆粘贴板状保温材料，板缝间宜用保温灰浆填实并勾缝。

• 抹找平层：保温层施工并验收合格后．应立即进行找平层施工。

• 细部处理：

①屋面保温层在檐口、天沟处，宜延伸到外坡外侧，或按设计要求施工。

②排气管和构筑物穿过保温层的管壁周边和构筑物的四周，应预留排气口。穿过结构的管根部位，应用细石混凝土填塞密实，以使管子固定。

③女儿墙根部与保温层间应设置温度缝，缝宽以15～20mm为宜，并应贯通到结构

基层。

④施工环境温度：用沥青胶结材料铺贴的板状材料，气温不低于-10℃；用水泥砂浆铺贴的板状材料，气温不低于5℃，否则应采取保温措施。

（3）屋面整体保温层施工（主要材料有浙青膨胀珍珠岩保温材料、聚氨酯现场发泡喷涂材料、泡沫混凝土）。

沥青膨胀珍珠岩保温施工：

施工流程：

清理基层→拌和→铺设保温层→抹找平层。

施工方法：

• 清理基层。基层表面应干净、干燥，没有杂物、油污、灰尘等。

• 拌和。

①沥青膨胀珍珠岩配合比为（重量比）1∶0.7~1∶0.8。拌和时，先将膨胀珍珠岩散料倒入锅内加热并不断翻动，预热温度宜为100~120℃，然后倒入已熬好的沥青中拌和均匀。在熬制过程中，要注意加热温度不应高于240℃，使用温度不宜低于190℃。

②沥青与膨胀珍珠岩宜用机械进行拌和，以色泽均匀一致、无沥青团为宜。

3. 铺设保温层

铺设保温层时，应采取“分仓”施工，每仓宽度为700~900mm，可采用木板分隔，控制宽度和厚度。

保温层的虚铺厚度和压实厚度应根据试验确定，一般虚铺厚度为设计厚度的130mm（不包括找平层），铺后用木拍板拍实抹平至设计厚度。压实程度应一致．且表面平整。铺设时应尽可能使膨胀珍珠岩的层理平面与铺设平面平行。

4. 抹找平层

沥青膨胀珍珠岩压实抹平并进行验收后，应及时施工找平层。喷涂聚氨酯硬泡体保温层施工，其基本构造图见图3-4。

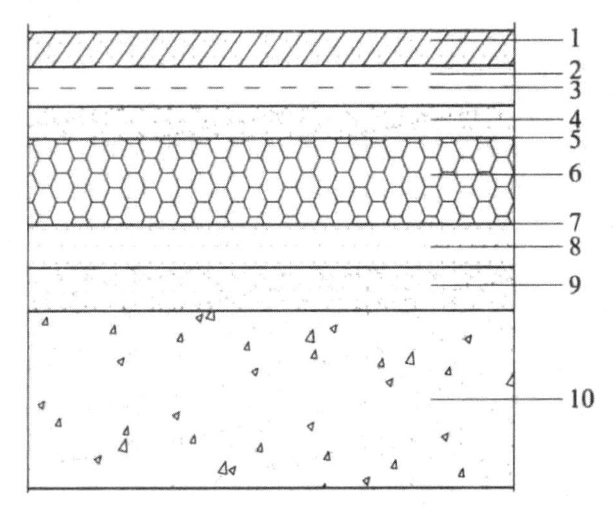

图3-4 喷涂聚氨酯硬泡体不上人屋面保温系统构造图

1-保护层；2-防水层；3-抗裂砂浆符合耐碱网格布；4-砂浆找平层；5-聚氨酯界面砂浆；6-无溶剂聚氨酯硬泡保温层：7-聚氨酯防潮底漆；8-砂浆找平层；9-找坡层；10-结构层

施工流程：

清理基层→铺设保温层→施工保护层。

施工方法：

（1）清理基层。清理底座表面的灰烬、油脂和杂物。

（2）铺设保温层。

根据保温层的设计厚度，采用专用的聚氨酯硬泡喷涂设备，可对聚氨酯硬泡涂层进行现场连续喷涂。施工过程中，温度应在1535℃左右，风速不应超过5m/s，相对湿度应在85以下，以避免影响聚氨酯硬质泡沫塑料的质量。根据保温层的厚度，可多次喷涂完成施工表面。当天的施工表面必须在同一天进行连续喷涂。

喷涂前必须制备聚氨酯硬质泡沫保温材料，配合比应准确。液体原料（多元醇和异氰酸酯）和发泡剂的两组分必须根据设计比例准确测定。进料顺序不应错，混合应均匀，热反应充分，管道不得泄漏，喷涂应是连续和均匀的。

喷涂时，喷枪运行均匀，起泡后表面平整，完全起泡前应避免上层人员踩踏。

在硬质聚氨酯泡沫保温层施工过程中，应喷涂厚度相同的500mm×500mm片，以测试材料的性能。

（3）保护层的建造

聚氨酯硬质泡沫塑料防水保温层表面应设置防紫外线防护层。所述防护涂层可用于防紫外线涂料或聚合物水泥防护涂料。当使用聚合物水泥防护涂层时，可在绝缘层表面涂覆聚合物水泥。要求刷3次涂层，厚度约5mm。

（4）屋面保护层施工

1）非上部屋顶

屋面采用卵石或砾石作保护层时，应铺一层纤维织物，砌块保护层可采用干铺或浆料铺装。

在压前，应在保温层表面铺一层不少于250g/m的涤纶无纺布，以保护和隔离，无纺布之间的搭接宽度不应小于100mm。

铺卵石时，应防止水滴堵塞，使其排水畅通。混凝土砌块的铺设方法也可用于压制处理，但砌块厚度不应小于30mm，且应具有一定的强度。

保护层材料的重量应能满足局部最大风，保温层不提升，保温层在屋面水状态下不漂浮。

2）上部屋顶

上部屋面可采用混凝土砌块材料作为保护层。在施工中，水泥砂浆是用来铺设混凝土砂浆的，它要求铺装平整、水平和垂直接缝，以及致密的水泥砂浆。

块保护层：断块保护层也要有一个单独的缝，裂缝的垂直和水平间距不应超过10m，裂缝的宽度应为20mm，密封材料应严格密封。在保温层上铺上聚酯无纺布或干油毡后，直接浇筑厚度不小于40mm的细石料混凝土，并配制双向钢网作为保护层。保护层应按空间划分，纵、横向间距不应大于6m，缝宽应为20mm，焊缝内应采用密封材料。

（5）详细的构造处理

水沟、屋檐沟、盘水位置的保温层难以完全覆盖防水层。应选择这些部位的防水层，以获得优良的耐老化性能。

对于落水口和顶板的管根，以及沟槽、檐沟等连接部位，应将卷材与涂料和密封材料相结合，形成黏着牢固、密封紧密的复合防水结构。

二、架空通风保温屋面施工

通风良好的平顶建筑应采用空气通风保温屋面，在夏季风量低、通风差的地区不宜使用，尤其是高墙时，应采取其他保温措施。严寒地区不应使用。屋顶坡度不应大于5%。

空中通风隔热夹层位于屋面防水层上，架空层中的空气可自由流通。高层通风层通常由砖、瓦、混凝土等材料和产品组成。

施工过程：

清理基层弹性管线，用独立的格子砖砌块建造砖墩。

砌隔热板→养护→表面勾缝→质量验收。

施工方法：

1.基层清洗

清理屋顶上的杂物和砂浆，避免在施工过程中损坏防水层。

2.弹性线段

根据设计要求和规范要求，对弹线进行了划分，并对隔热板进行了平面布置。应注意：

（1）在炎热季节，入口应位于最大频率风向的正压区，出口应位于负压区。

（2）屋面宽度大于10m时，应设置通风脊。

（3）绝缘板须按设计要求划分，如不需要设计，则可按防水保护层的划分或以不多于12米的原则划分。

（4）架空保温板与山墙之间的距离应在250mm以上。

（5）避免在施工过程中损坏已完成的防水层。

3.砌体砖墩

如果屋面防水层没有刚性保护层，则应在砖墩下加一层卷材或油毡，其面积应大于砖墩周围的150mm。

砌体砖墩应符合砌体施工规范的要求，节点丰满光滑，砌体高度一般在100～300mm之间，根据设计要求施工。

4.坐式绝缘板

坐满了果肉。用垂直尺进行水平拉伸，以控制钢板接缝的直线度、板材表面的斜度和平直度以及用衬里清洗产生的灰分。

5.维修

保温板完成后，需湿固化1～2d。当砂浆强度达到上层人士的要求时，它可以绝缘和勾住。

6. 表面接缝

保温板的表面间隙应用1∶2水泥砂浆填充。调整水泥砂浆的稠度，与挂钩配合使用。接缝要充满，砂浆的表面要一次又一次地压紧。关节应湿润1～2d。

三、蓄水保温屋面

储水屋面是将一层水储存在屋顶上，以提高屋顶的保温性能。严寒地区和振动区不应使用蓄水屋面。屋面防水等级为一级和二级。

为了保证屋面蓄水深度的均匀性，储水层的坡度不应大于0.5%。

施工过程：

结构层、隔墙施工、板式接缝及接缝密封处理、蓄水维护中防水层的施工与维护。

施工方法：

屋面结构层为拼装钢筋混凝土板时，板缝应填充强度等级不小于C20的细石混凝土，并在细石材混凝土中加入膨胀剂。接缝必须用高质量的密封材料密封，在充水试验中不漏水，然后在其上建造平层和防水层。

储水区的划分。蓄水屋面应划分为储水段，混凝土为组合筒仓墙，壁上留有水孔，使各储水区的水层连接起来，但变形缝的两侧应设计为独立的储水区。当储存屋盖长度超过40m时，应制作横向伸缩缝。还可以用M10水泥砂浆建造砖墙，在墙顶设置直径为6mm或8mm的加固砖带。

护栏和洪水。储水屋面既可用作护栏，也可用作水库的储水墙。屋面防水层应伸延至墙面，形成水淹，屋面内壁应沿防水层上升，防水层高度应高于水面100mm。由于混凝土转角不易密实，必须是倾斜角，也可涂成圆弧，并填充如油膏等接合材料。

溢流孔和排水孔。蓄水池的外墙上均匀地设置了若干溢流孔，通常每个房间大约有一个，以允许多余的雨水溢出屋顶。在墙的底部设置一个排水孔，每个孔大约一个。排水孔和溢流空间应与排水沟或瀑布管连接。

屋顶上的所有洞都应该先保留，然后再凿。供水管道、排水管和溢流管应在建造防水层之前安装良好，不应在建造防水层后适当地用软膏等防水材料填充接缝而钻入防水层。防水层完成后，排水管与水滴管连接，再进行防水处理。

防水层施工

蓄水屋面防水层应采用刚性与柔性相结合的防水方案。柔性防水层应是一种良好的耐腐蚀、耐霉变、耐刺穿的涂层或卷材，最好是涂膜的防水层与卷材的防水层相结合。然后在防水层上撒上钢筋细石混凝土。刚性防水层网格节点与储水分区相结合，网格间距不超过10m。细粒石材混凝土裂缝应采用密封材料填充。接缝用密封材料填充后，应用砂浆保护。

蓄水屋面采用柔性防水层复合结构时，应先施工柔性防水层，再做隔震层，然后设置细混凝土防水层。柔性防水层施工完成后，应进行储水检查，不漏水，以便继续下一工序。

储水屋面用细石材混凝土的原材料和比例应满足屋面刚性防水层的要求，并应与膨胀剂、减水剂和压实剂混合，以降低混凝土的收缩率。每个舱室内的混凝土应一次性浇筑，不得留下安装接头。

防水混凝土必须机械搅拌，机械振动，用捣固擦拭，不要洒水，洒干水泥浆或水泥浆。混凝土水应按两次后，及时维护，如节水与蓄水相结合，不得使其干燥。

四、无土植物隔热屋顶

无土栽培以其重量轻、屋面温差小、防水防渗良好等特点得到了广泛的应用。用蛭石、水渣、泥炭、膨胀珍珠岩粉或锯末代替土壤。减轻了屋面的重量，提高了保温性能，对屋面结构没有特殊要求。只有在檐板和走道板上防止蛭石等材料遇雨溢流时，种植屋顶坡度不得超过3%。

种植屋面的结构层次从上到下可分为：种植介质、隔震过滤层、排水层、根系渗透前的防水层、卷材或薄膜的防水层、平整层和斜坡层、保温层、结构层，可根据该地区，如南部地区设置保温层。其他层不需要设置。

施工过程：

屋面防水层施工→保护层施工→人行道施工和挡土墙施工前，将水、砂、卵石种植面积、种植介质进行清理。

施工方法：

1. 防水层施工

整平层应采用1∶3水泥砂浆，其厚度应根据屋面基层的类型而定，平整层应是实心平整的。平缝应设置宽度为20mm，密封材料应嵌入。裂缝的最大间距为6m。

植屋面防水层应采用刚性与柔性结合的防水方案。柔性防水层应是一种良好的耐腐蚀、耐霉变、耐刺穿的涂层或卷材，最好是涂膜的防水层与卷材的防水层相结合。然后在防水层上撒上钢筋细石混凝土。

2. 保护层施工

在屋面种植柔性防水材料时，必须在屋面设置一层细密的石材混凝土保护层，以防止植物根部穿刺和种植工具造成的破坏。细石混凝土保护层的混凝土结构如下。

清理屋顶防水层上的垃圾、杂物和灰尘。

裂槽保留按设计或不超过6m或“一个隔间”划分，上口宽度为30mm，下口宽为20mm板或泡沫板作为栅格板。

钢网铺设：按设计要求布置钢筋网。

细石混凝土施工：按设计配合比掺入细石材混凝土，按原网架第一距离再近、先高、后低进行施工。根据楼板的高度，展开平整，用钢板振动器来回摆动、擦拭、等待混凝土初凝，然后进行二次压力抛光液抛光。

开槽软膏：在浇水和保养后用清水（含水量不超过6%）清洗混凝土时，应使用开槽软膏。所有的垂直和水平缝连接在一起，缺失边的损坏角需要修复。水泥混凝土表面用冷基础油均匀涂刷。

3. 挡土墙及行人通道

砖挡土墙，挡土墙的高度高于种植介质表面100mm。设计或标准地图集，高度100mm，距挡土墙底部。采用预制槽板作为隔墙、挡土墙和走道板。周围挡土墙下的排水孔不应堵塞，应能确保清除积水，并满足住宅建筑物的使用功能。

4. 种植介质设置

种植介质放置在种植区。根据厚度的设计要求，放置种植介质。电介质材料的施工应均匀堆放，不损坏防水层。种植介质的表面应平整，低于周围挡土墙的100mm。

第四节　地面节能系统的建设

根据地面节能工程是否可以分为不与室外空气接触的地面、与室外空气底部接触的地板和与底面接触的地面采用各种相应的节能方法。

1. 地板分类

地板层与地板之间的传热系数K不同（地板不接触室外空气），底部与室外空气或悬垂地板接触的地板（地板底部自然通风）。

将保温层置于地板之上的正向方法（该正方法意味着该保温层直接放置在楼板上）。可采用硬挤制聚苯乙烯板、泡沫玻璃保温板等材料制成，强度满足地面要求。其厚度应满足建筑节能设计标准的要求．结构如图3-5所示。

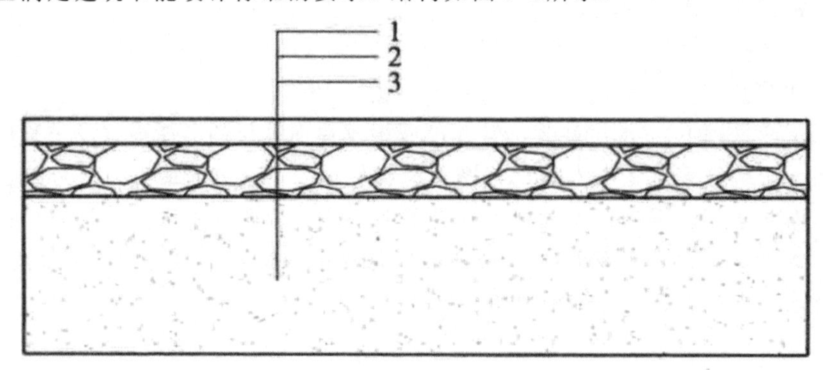

图3-5 正楼板结构图

1. 表层绝缘层；楼板

地板保温层反求法（逆法是指在地板上设定温度）可根据国家标准和行业标准采用保温浆料或板外保温体系作为外墙外保温的做法。

（3）对与室外空气有底接触的架空或悬垂地板，应采用逆法外保温系统。

（4）地面绝缘敷设用保温材料结构图见图3-7。

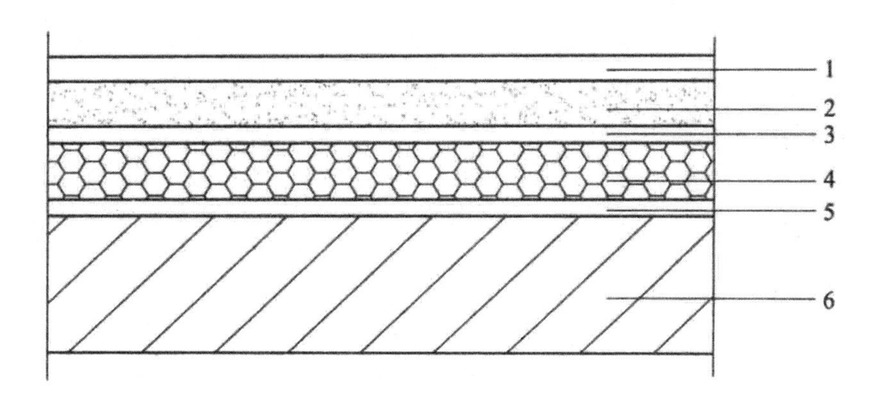

图 3-7 铺地保温材料结构图

表面整理；混凝土保护层、防潮层、保温层、防潮层、地面结构层

2. 绝缘实践

（1）采用松散绝缘材料（包括膨胀蛭石、膨胀珍珠岩和其他由块状颗粒组成的材料）铺设填充层。

施工过程：

清理基层表面→抄平、弹线→管根、地漏局部处理及预埋件管线→分层铺设散状保温材料、压实。

施工方法：

清除表面杂物，油漆等，弹出海拔线。

加装砂浆或细石混凝土加固地漏，管道根部局部，安装深色涂层管道。

木龙骨，预埋防腐，间距 800～1000mm，填充层厚度由半砖低隔墙或高水泥砂浆隔板控制。

根据厚度设计确定待铺设层数，层铺设保温材料，每层厚度小于 150mm，应铺装压实，压实采用碾压和木材夯实，填充层表面应平整。

（2）整个保温材料采用填充层和整体保温材料（松散保温材料与水泥及其他胶结材料结合而成的保温材料按设计要求混合浇筑，整体保温材料固化）。

施工过程：

清理基层，弹线，管道根，地漏的局部处理和管道的安装，根据混合材料层的铺设，压实。

施工方法：

清除表面杂物，油漆等，弹出海拔线。

加装砂浆或细石混凝土加固地漏，管道根部局部，安装深色涂层管道。

根据设计要求的配合比及相应的方法制备整体绝缘材料。水泥、沥青膨胀珍珠岩、膨胀蛭石应混合使用，以避免颗粒破碎。水泥固井时，应先将其混入水泥浆中，并在拔出时搅拌。使用热沥青液时，加热温度不应高于 240℃，使用温度不应低于 190℃。

根据厚度设计确定待铺设层数，分层铺设保温材料，应铺装压实、碾压和夯实木材，填充层表面应平整。

（3）板状保温材料填充填料层（水泥膨胀珍珠岩板、水泥膨胀蛭石板、沥青膨胀珍珠岩板、沥青膨胀蛭石板、聚苯乙烯泡沫塑料板、硬质聚氨酯泡沫、加气混凝土板、泡沫玻璃）。

施工过程：

清理基准面、弹性管路根部、局部处理地漏及管道安装或贴板保温材料层铺设、压实。

施工方法：

清除表面杂物，油漆等，弹出海拔线。

加装砂浆或细石混凝土加固地漏，管道根部局部，安装深色涂层管道。

根据厚度设计确定待铺设层数，分层铺设保温材料、干板保温材料，应靠近基面，光滑、铺装、分层铺设，上下接缝应错开。

3. 表面辐射采暖施工

合理有效的施工方法是将热管埋于导热系数较高的致密材料中，并将表层材料直接埋置在埋热管的基层上。低温热水地板辐射采暖系统的保温板应采用聚苯乙烯泡沫板，其物理性能应符合现行相关规范或标准的要求。

施工过程：

地板基础清洗、保温层铺设、保温板加固层铺设弹性线、平安装管、加热管盘管安装、压力试验、回填细石混凝土填充层维护。

施工方法：

（1）地面清洁：保持地面清洁、平整和干燥。

（2）铺设保温层。为了提高保温板的整体强度，并安装和安装加热管，绝缘板的表面可处理如下：

真空渗铝聚酯薄膜表面层。

涂以玻璃布基铝箔表面。

铺设低碳丝网。

保温层的铺设要平顺，保温层要紧密结合在一起。直接接触土壤或湿气侵入地面，在铺设绝缘前应铺设一层防潮层。

（3）相同的保温板。

钢网规格不超过200mm正方形，在暖房盖上，拼接处应捆绑连接。

钢丝网在伸缩缝中不能断，铺设时应平整，无锋利和凸起的边缘。

（4）加热管的安装。

加热管应根据管道间距和方向敷设的设计图纸进行校准，加热管应保持直线，管道间距的安装误差不应大于10mm。在铺设加热管之前，应根据施工图检查加热管的选型、直径和壁厚，检查发热管的外观质量，不允许在管道内出现任何杂质。当加热管的安装中断或完成时，应随时堵塞外露。

应安装热管，以防止管道变形；弯管时，应限制弧顶，用管夹固定，塑料和铝塑复合管的弯曲半径不应小于管材外径的6倍，铜管的弯曲半径不应小于钢管外径的5倍。埋在填充层中的加热管不得连接。

加热管两端应设置固定夹子，加热管的固定点与直管段的固定点之间的距离应在0.5～0.7m之间，弯管段的固定点之间的距离为0.2nm。

取暖管出地至水分离器、集水器连接、弯曲部分不应暴露地板装饰层。取暖管出地至水分离器，水收集器下球阀接口开管段之间，外部应安装塑料套管。套管应高于装饰表面150～200mm。

加热管与水分离器和集水器的连接应采用夹紧和压紧式夹紧，连接材料应为铜，铜连接面应直接与PP-R管或PP-B管接触。

（5）水收集器的安装

应在安装取暖管之前安装集水器。卧式安装时，一般应在顶部安装分水器，底部安装集水器，中心距离200mm，集水器距地面的中心距离不小于300mm。垂直安装时，集水器的下端距离地面不应少于150毫米。加热管应设置在端部开始和结束处的硬套管中，至连接配件的管段。加热管与分离器阀之间的连接应采用特殊的卡套连接或插头连接。

（6）细石混凝土层施工。

细石混凝土层回填施工只有在加热管道系统通过试验压力后才能进行。

双玻璃条（3mm玻璃切割，比细石混凝土表面低1～2mm）应在入口处、沉降缝和点阵缝处插入，安装方法与水磨石坝相同。

细粒石材混凝土在线圈压力（工作压力或试验压力不小于0.4MPa）下浇筑，回填层在固化后才能释放。灌注时，混凝土应轻轻捣固，浇筑时不得行走或践踏盘管，不得有锋利物损坏线圈管及绝缘层，要防止盘管浮起，应注意降低材料，击打固体，平整。

当细石材混凝土接近初凝时，必须对其表面进行二次拍击和挤压，以防止沿管道轴线出现塑性收缩裂缝。

（7）水力试验

现浇混凝土灌装层前及混凝土灌装层养护期届满后，应分别进行系统水力学试验。在灌装层固化过程中，加热管内的水压不得小于0.6MPa，系统的水压不得低于0.4MPa。

水压试验应按照下列步骤进行：

水通过热水器慢慢注入，管道中的空气同时排出。

灌水后，检查水密性。

使用手动泵缓慢升压，升压时间不得少于15min。

将压力提高到规定的试验压力后，停止压力，并观察是否有泄漏。

稳压10min后，将压力加到规定的试验压力值上，15min内压降不超过0.05MPa，无泄漏合格。

（8）系统调试。对管道上的阀门、过滤器和水表进行了检查，以确定安装方向和位置正确，阀门的开启和关闭是灵活的。水泵进出口压力表、温度计安装前的系统调试。

第三章　建筑节能工程施工质量验收

第一节　项目细分

建筑节能分项目按表4-1划分。

表4-1建筑节能分项目处

序号	分项工程	主要验收内容
1	墙体节能工程	主体结构基层、保温材料、饰面层等
2	幕墙节能工程	主体结构基层、隔热材料；保温材料；隔汽层，幕墙玻璃、单元式幕墙板块、通风换气系统、遮阳设施、冷凝水收集排放系统等
3	门窗节能工程	门、窗、玻璃、遮阳设施等
4	屋面节能工程	基层、保温隔热层、保护层、防水层、面层等
5	地面节能工程	基层、保温隔热层、保护层、面层等
6	采暖节能工程	系统制式、散热器、阀门与仪表、热力入口装置、保温材料、调试等
7	通风与空气调节节能工程	系统制式、通风与空气调节设备，阀门与仪表、绝热材料、调试等
8	空调与采暖系统的冷热源和附属设备及其管网节能工程	系统制式、冷热源设备，辅助设备，管网，阀门与仪表，绝热、保温材料，调试等
9	配电与照明节能工程	低压配电电源，照明光源、灯具，附属装置，控制功能，调试等
10	监测与控制	冷、热源系统的监测控制系统，空调水系统的监测控制系统：通风与空调系统的监测控制系统，监测与计量装置，供配电的监测控制系统，照明自动控制系统，综合控制系统等

第二节　次级工程的质量验收

一、墙体节能工程

（一）隐蔽工程验收要求

墙体节能工程应对下列部位或内容进行隐蔽工程验收，并应有详细的文字记录和必要的图像资料：

- 保温层附着的基层及其表面处理。
- 保温板黏结或固定。
- 锚固件。
- 增强网铺设。
- 墙体热桥部位处理。
- 预置保温板或预制保温墙板的板缝及构造节点。
- 现场喷涂或浇注有机类保温材料的界面。
- 被封闭的保温材料的厚度。
- 保温隔热砌块填充墙体。

（二）工程质量验收

墙体节能工程验收批次应当符合下列规定：

材料、工艺和施工实践相同的墙面，每500～1000m²面积可分为一批检验，小于500m²的墙面也是检验批次。

检验批次的划分，也可以由施工单位和监理（施工）单位按照与施工过程相一致、便于施工和验收的原则商定。

二、幕墙节能工程

（一）接受隐藏工程的规定

幕墙节能工程的施工，应当接受下列部位、项目的隐蔽工程，并提供详细的笔录和必要的形象资料：

（1）围封绝缘材料的厚度及绝缘材料的固定。

（2）幕墙及幕墙接缝周围保温材料的填充。

（3）构造缝与沉降缝。

（4）蒸汽绝缘。

（5）热桥和断热接头。

（6）单元幕墙板之间的连接结构。

（7）凝结水集排结构。

（8）幕墙通风。

（二）工程质量验收

幕墙节能工程的检验批量划分和检验数量，应按照《建筑装饰工程质量验收规范》（GB 50210—2001）进行。

主控工程内容要求

1. 幕墙节能工程所用材料、部件的品种和规格，应当符合设计要求和有关标准。

检验方法：质量检验文件的观察、标度检验和验证。

检验编号：根据进料批次的数量，每批随机抽取3个样品进行检验；质量文件应按工厂检验批次进行检验。

2. 幕墙节能工程中使用的保温材料的导热系数、密度和燃烧性能应满足设计要求。隔热玻璃的传热系数、遮阳系数、可见光透过率和露点应满足设计要求。

检验方法：检验质量文件和复验报告。

支票数量：所有支票。

3. 幕墙节能工程中使用的材料和部件进入现场时，应当对下列性能进行重新检查，并将复验提交证人样品：

（1）保温材料：导热系数和密度；

（2）幕墙玻璃：中空玻璃的可见光透过率、传热系数、遮阳系数、露点；

（3）绝缘剖面：抗拉强度、剪切强度。

检验方法：进场取样复验，验收复验报告检定。

检验号：同一厂家对同一产品进行抽查，不少于一组。

4. 幕墙的气密性须符合设计所指明的等级的规定。当幕墙面积大于3000m²或建筑外墙面积为50时，应现场提取材料和配件，并在测试实验室安装和制作试验件，可对密闭部件进行检测。测试结果应符合设计中规定的等级要求。

密封条应牢固镶嵌，位置正确，对接紧密。单位幕墙板之间的密封应符合设计要求。开口风扇应紧闭。

检查方法：观察开闭检查。验明隐蔽工程验收记录、幕墙气密性检测报告、见证记录。

气密性试验试件应包括典型的幕墙元件、典型拼接件和典型开口件。试件应按照幕墙工程的施工图设计。试件的设计，由工程负责人和建筑设计单位监理工程师批准确认。气密性的检测应按照国家有关标准进行。

检查编号：检查所有质量文件和技术性能测试报告。根据检验批次，现场观察、开闭检验不少于5项。

5. 幕墙工程用保温材料的厚度应符合设计要求，牢固安装，不得松脱。

试验方法：绝缘板或绝缘层采用针插法或剥离法，尺量厚度；手拉检查。

主检查号：检验批次检查10次。

6. 遮阳设施的安装位置应符合设计要求。遮阳设施的安装应牢固。

试验方法：观察；比例尺；手工检查。

检查场所的数量：检查总数，不少于5处。

7. 幕墙工程中热桥的保温措施应符合设计要求，断热接头的连接应保持一致。

检验方法：与幕墙热性能设计文件进行比较、观察和检验。

检查组数：根据检验批次的10次检验，不少于5次。

8. 幕墙的蒸汽保温应是完整的、严格的、位置正确的，渗透式蒸汽保温的接头结构应采取密封措施。

检查方法：观察和检查。

检验数量：按检验批次计算，不少于10次检验，不少于5次。

9. 凝结水的收集和排水应平稳，不漏水。

试验方法：水流试验、观察和检验。

• 一般项目内容要求

检查次数：按检验批次检查10次，不少于5次。

1. 涂覆玻璃的安装方向和位置应正确，空心玻璃应用两个通道密封。绝缘玻璃的压力管应密封。

检查方法：观察和检查施工记录。

检验次数：每批抽查10次，不少于5件（节）。

2. 单位幕墙板应按照下列要求组装：

（1）密封带：规格正确，长度不负偏差，搭接符合设计要求；

（2）绝缘材料：固定牢固，厚度符合设计要求；

（3）防蒸汽层：密封完整，密封紧密；

（4）凝结水排水系统通畅，无泄漏。

检验方法：观察检查；手拉试验；比例尺；供水试验。

检查组数：每批检查10次，不少于5次（节）。

3. 幕墙与周围墙体的接缝应用弹性封闭孔材料填充，并用风化胶密封。

检查方法：观察和检查。

检验数量：每批检查10件，不少于5件。

4. 膨胀节、沉降缝和地震节理的保温或密封应满足设计要求。检查方法：观察并对照设计文件进行检查。

检查组数：每批检查10次，不少于10次。

5. 主动遮阳设施的调节机制应该是灵活的，并且能够在适当的地方进行调整。

检验方法：现场调整试验，观察检查。

检验数量：每批抽查10件，不少于10件（至少）门窗节能工程。

三、门窗节能工程

（一）产品检验

建筑外门窗施工的检验批准，按照下列规定划分：

同一厂家同品种、规格的门窗玻璃按每100个门窗分为试验批次，小于100次的也分为检验批次。

同一厂家的同一品种、型号和规格的特种门每50次分成一批检验，小于50次的也被分成一批检验。

对有特殊要求的门窗，检验批次的划分，由监理（施工）单位和施工单位根据其特点和数量协商确定。

（二）工程质量验收

1. 建筑物外门窗检验数量规定

施工门窗每批检查至少5次，不少于3次，少于3次时，应进行所有检查。对于高层建筑的外窗，每次检验批准应至少为10件，不应少于6件，小于6件时应进行全面检查。

特种门每批检验批次应至少抽查50次，且不得少于10次，每次检查次数应少于10次。

2. 门窗节能工程质量验收要求

门窗节能工程质量验收要求

· 主控工程内容要求

1. 建筑物外门窗的种类和规格必须符合设计要求和有关标准。

检验方法：观察、比例尺检验、质量检验文件的验证。

检验数量：根据《建筑节能工程施工质量验收规范》GB 50411—2007第6.1.5条。质量认证文件应当按照工厂检验批准进行审核。

2. 建筑外窗的气密性、保温性能、隔热玻璃露点、玻璃遮阳系数和可见光透过率均应满足设计要求。

检验方法：检验产品的质量证书和复验报告。

支票数量：所有支票。

3. 建筑窗进入施工现场时，应当按照区域类别对下列性能进行重新检查，复查时应当见证抽样检验：

（1）冷区：中空玻璃的气密性、传热系数和露点；

（2）夏热冬冷：气密性、传热系数、玻璃遮阳系数、可见光透过率、中空玻璃露点；

（3）夏热冬暖：气密性、玻璃遮阳系数、可见光透过率、中空玻璃露点。

检验方法：随机抽样和复验报告。

检验数量：同一厂家对同一类型产品进行抽查，不少于3件（件）。

4. 建筑门窗用玻璃的种类应符合设计要求。绝缘玻璃应该用两个通道密封。

检验方法：观察检查；检验质量文件。

检查次数：根据《建筑节能工程建筑质量验收规范》第6.1.5节执行（GB 50411—2007）

5. 金属外门窗的热桥措施应符合设计要求和产品标准，金属辅助框架的措施应与门窗框架的措施相等。

检验方法：随机抽样，设计图纸，分裂或开放检验。

检验数量：同一厂家同一品种，每种产品类型抽查不少于一扇门。根据检验批次检查30%的金属辅助框架保温电桥的措施。

6. 在寒冷、炎热和寒冷的冬季地区，应现场检查建筑物窗户的气密性，试验结果应符合设计要求。

检验方法：随机抽样现场检查。

检验数量：同一厂家和同一品种的产品，每一次抽查不少于3次。

7. 外窗框架或辅助框架与开口之间的间隙应用弹性封闭孔材料填充，并应使用密封胶。

密封；外门窗与二次门框之间的间隙应使用密封剂密封。

检查方法：观察检查；检查隐蔽工程验收记录。

支票数量：全额支票。

8. 在寒冷地区安装外门时，应根据设计要求采取保温、密封等节能措施。

检查方法；观察检查

支票数量：全额支票。

9. 外窗遮阳设施的性能和尺寸应符合设计要求和产品标准；遮阳设施的安装应处于正确和牢固的位置，以满足安全和使用功能的要求。

检验方法：检查质量证明文件；观察、比例尺、手工检查。

检查次数：根据《建筑节能工程建筑质量验收规范》（GB 50411—2007）第6.1.5节；对安装的健全程度进行全面检查。

10. 特种门的性能应满足设计和产品标准的要求，安装专用门的节能措施应满足榨汁的要求。

检验方法：质量认证文件的验证；观察和规模检验。

支票数量：全额支票。

11. 天窗安装的位置和坡度应正确、严密和严密，而且接缝不应泄漏。

检查方法：观察法、比例尺法、浸湿法。

检查次数：根据《建筑节能工程建筑质量验收规范》第6.1.5节执行（GB 50411—2007）

• 一般项目内容要求

1. 门窗扇和玻璃镶嵌用密封条的物理性能应符合有关标准。密封条安装位置正确，嵌体牢固，不得脱槽，接头处不得开裂。关上门和窗户时，密封是紧的。

检查方法：观察和检查。

支票数量：全额支票。

2. 门窗涂覆玻璃的安装方向应正确，绝缘玻璃的均匀压力管应密封。

检查方法：观察和检查。

支票数量：全额支票。

3. 外窗遮阳设施调整应灵活，可就地调整。

检验方法：现场调整试验检验。

检查次数：全面检查

四、屋面节能工程

（一）接受隐藏工程的规定

（1）屋面绝缘工程须接受以下隐藏工程，并须备有接受隐藏工程的纪录及影像资料：

1）基层。

2）敷设方法、保温层厚度和填缝质量。

3）屋顶热桥部分。

4）蒸汽绝缘。

（2）屋面保温层施工完成后，应及时施工平整层和防水层，以避免保温层受潮、浸没或损坏。

（二）工程质量验收

主控工程内容要求

1. 屋面节能工程用保温材料的种类和规格，应当符合设计要求和有关标准。

检验方法：观察、标度检验、核检验质量检验文件。

检验数量：根据进料批次的数量，每批随机抽取3个样品进行检验；质量检验文件应按工厂检验批次进行检验。

2. 屋面节能工程保温材料的导热系数、密度、抗压强度和燃烧性能均应满足设计要求。

检验方法：检查质量证书和复验报告。

检查号码：检查整个号码。

3. 屋面节能工程中使用的保温材料的导热系数、密度、抗压强度和燃烧性能，在进入现场时，应当重新检查，复验应当是待检验的见证样品：

（1）板、块、现浇等保温材料的导热系数、密度和抗压强度（10%）；

（2）松散绝缘材料的导热系数和干密度。

检验方法：随机抽样提交检验、核实报告。

检查组数：同一厂家同一品种的产品，每组调查不少于3组。

4. 屋面保温层的铺设方法、厚度、填充质量和保温控制方法必须符合设计要求和相关标准。

检查方法：观察和比例尺检查。

检查次数：每100平方米一次，每个地点10平方米，对整个屋顶不少于3次。

5. 屋顶通风隔热层的架空高度、安装方式、通风口位置和尺寸应符合设计和有关标准要求。头顶层没有杂物。架空表面应是完整的，不应有缺陷，如断裂和暴露的肌腱。

检查方法：观察和测量。

检查次数：每100平方米一个点，每个地点10平方米，对整个屋顶不少于3次。

6. 照明屋面的传热系数、遮阳系数、可见光透过率和气密性应满足设计要求。节点的构造应符合设计要求和相关标准的要求。

检验方法：检查质量证书；观察检验。

检查号码集：完全检查。

7. 采光屋顶安装应牢固，坡度正确，密封严密，接缝不得漏水。

检查方法：观察、标度检验；淋水检验；对隐蔽工程验收记录的审核。

检查号码：检查整个号码。

8. 屋面蒸汽保温层的位置应符合设计要求，蒸汽保温层应是完整的、严格的。

检查方法：根据设计进行验收，检查隐蔽工程验收记录。

检查次数：每100平方米一个点，每个地点10平方米，对整个屋顶不少于3次检查

· 一般项目内容要求

1. 屋面保温层应按照施工计划施工，并应符合下列规定：

（1）松散材料应层层放置，按要求压实，表面平整，坡度正确；

（2）喷涂、浇筑、擦拭施工保温层时，应准确测量混合比、均匀混合、连续施工、表面平整、坡向正确；

（3）板应牢固固定，间隙紧而光滑。

检查方法：观察、比例尺检查、称重检查。

检验数量：每100平方米1个点，每个现场10平方米，不少于3次整顶抽查。

2. 金属板保温夹层屋面应牢固铺筑，界面紧密，表面清洁，坡度正确。

检查方法：观察和标度检查；检查隐蔽工程的验收记录。

支票数量：全额支票。

3. 当屋面内敷设的保温材料用作保温层时，应采用保温层。

采用防潮措施，其表面应有保护层，保护层的实践应符合设计要求。

检查方法：观察和标度检查；检查隐蔽工程的验收记录。

检查次数：每100平方米一个点，每个地点10平方米，不少于3次整个屋顶抽查

五、地面节能工程

（一）接受隐藏工程的规定

地下节能工程应当接受下列隐蔽工程，并有详细的书面记录和必要的图像资料：

（1）基层。

（2）密封绝缘材料的厚度。

（3）绝缘材料的黏结。

（4）热桥。

（二）工程质量验收

1. 关于地面节能工程子项目检验批次划分的规定

1）检验批次可分为施工段或变形接头。

2）当面积超过200m²时，每200m²可分为一批检验，小于200m²即为试验批。

3）不同施工方法的地面节能工程应分批检查。

2. 地面节能工程质量验收要求

· 主控工程内容要求

1. 地面节能工程中使用的保温材料的种类和规格，应当符合设计要求和有关标准。

检验方法：观察、标度或称重检验；质量文件的验证。

检验数量：每批随机抽取3个样品进行检验，质量认证文件按工厂检验批次进行检验。

2. 地面节能工程保温材料的导热系数、密度、抗压强度和燃烧性能均应满足设计要求。

地面辐射采暖工程的节能方法应符合设计要求，并符合《地辐射供暖技术规程》（JGJ142—2004）的规定。

检查方法：观察和检查。

检查次数：全面检查

3. 用于地面节能工程的保温材料的导热系数、密度、抗压强度和燃烧性能，在进入现场时，应当重新检查，并应当进行现场取样：

检验方法：随机抽样和复验报告。

检查组数：同一厂家同一品种的产品抽样不少于3组。

4. 地面节能工程施工前，应对基础工序进行处理，以满足设计和施工方案的要求。

检验方法：控制设计及施工方案的观察与检验。

检查号码集：完全检查。

5. 建筑地板保温层、保护层及保温层厚度的安装与施工

满足设计要求。施工应按照施工计划进行。

检验方法：与设计施工方案相比较，观察检查；标尺检验。

支票数量：所有支票。

6. 地面节能工程的施工质量应当符合下列规定：

（1）绝缘板与基板之间及结构层之间的黏结应牢固，间隙应紧密；

（2）保温浆料层应分层施工；

（3）通过地形直接接触室外空气的各种金属管，应根据设计要求，对保温桥梁采取保温和保温措施。

检查方法：观察检查；检查隐蔽工程验收记录。

检查次数：每批2次抽查，每个现场10m^3；对地面上的金属管道进行全面检查。

7. 地面有防水要求的，其节能保温措施不得影响地面排水的坡度，保温层的表层不得渗漏。

试验方法：用面积500mm的水平尺进行检查和观察。

检查号码集：完全检查。

8. 应根据寒冷地区建筑物一楼地面、采暖地下室外墙和土壤、非采暖空间附近地

面和与室外空气直接接触的地板的设计要求采取隔热措施。

方法：将葬礼与设计进行比较。

支票号码：全额支票。

9. 保温层的表面防潮层和保护层应符合设计要求。

检查方法：观察和检查。

支票号码：全额支票

六、供热节能工程

（一）接受项目的规定

供热系统节能工程验收，根据系统、地板等，应满足工程质量验收要求。

（二）工程质量验收要求

· 主控工程内容要求

1. 供热系统节能工程中使用的散热设备、阀门、仪表、管道、保温材料和其他产品进入现场时，应当按照施工图的设计要求对产品的类型、材料、规格和外观进行验收。并经监理工程师（施工单位代表）批准，并形成相应的验收记录。各类产品和设备的质量文件和相关技术资料应当完整，并应符合有关标准和规定。

检验方法：观察检查；检验质量文件及相关技术资料。

检查号码集：完全检查。

2. 供热系统节能工程中使用的散热器和保温材料进入现场时，应当对下列技术性能进行重新检查，并将复验报送现场采样。

（1）散热器的单位散热和金属热强度；

（2）保温材料的导热系数、密度和吸水率。

检验方法：随机抽样和复验报告。

检验数量：同一厂家的散热器和同一规格的散热器应按其数量的1%，但不少于2组进行现场取样和检验；同一制造商对同一保温材料进行现场取样和检验的次数不得少于2次。

3. 供热系统的安装应当符合下列规定：

（1）供暖系统应符合设计要求；

（2）散热设备、阀、过滤器、温度计及仪器须按照设计规定完全安装，不得随意加减或更换；

（3）室内温控装置、热计量装置、液压平衡装置和热入口装置的安装位置和方向应满足设计要求，便于观察、操作和调试；

（4）在安装温控装置和热计量装置后，供暖系统应能按设计要求实现子室（区）的温度控制、分户建筑物的热量计量和分户或子室（区）的热量分配等功能。

检查方法：观察和检查。

检查号码：完整支票。

4. 散热器及其安装应符合下列规定：

（1）每套散热器的规格、数量及安装方式均须符合设计规定；

（2）散热器外表面应用非金属漆刷。

检查方法：观察和检查。

检查数量：按总数选择不少于5组。

5.散热器恒温阀及其安装应符合下列规定：

（1）恒温阀的规格和数量应符合设计要求；

（2）清澈散热器的恒温阀不应安装在狭窄和封闭的空间内，其调温阀头应水平安装，而不应安装在水平位置。

应由散热器、窗帘或其他障碍物屏蔽；

（3）隐藏式散热器的恒温阀应采用外部温度传感器，应安装在空气循环中，并能正确地抵消。

反映房间的温度。

检查方法：观察和检查。

检查数量：根据总数选择不少于5次。

6.安装低温热水地面辐射供暖系统，除符合《建筑节能工程施工质量验收规范》（GB 504112007）条例9.2.3的规定外，还应符合下列要求：

（1）防潮层、保温层和保温层厚度的实践应符合设计要求；

（2）室内温度控制装置的感应器须安装在内壁上，以避免阳光直射，并设有加热设备，距离地面1.4m。

检查方法：在遮挡前观察检查防潮层和保温层，用钢针刺穿绝热层和量规，观察和检查室内温控装置中传感器的安装高度。

检验数量：防潮层和绝热层应根据检验批次在5个地方进行检查，每个地方应在不少于5点的地方进行检查；温控装置每批检查10点。

7.供热系统热人口单元的安装应当符合下列规定：

（1）热入口装置中各种部件的规格和数量。应符合施工图设计要求；

（2）热计量装置、过滤器、压力表和温度计的安装位置和方向应正确，易于观察和维护；

（3）液压平衡装置和各种阀门的安装位置和方向应正确，易于操作和调试。安装后，应按照系统的水力平衡要求进行调试和标记。

检查方法：观察检验，检查来料验收记录和调试报告。

检查号码集：全部检查。

8.供热管道的保温层和防潮层的施工，应当符合下列规定：

绝缘层应由非易燃或耐火材料制成，其材料、规格和厚度应符合设计要求。

保温管壳浆应牢固，敷设平整。刚性或半刚性绝缘管和壳体应至少用2根防腐金属线或耐火丝带或特殊胶带绑或粘贴，间距为300～350mm，黏结牢固，不得滑动、松弛和断裂；

硬质或半刚性绝缘管与壳体的连接间隙不应大于5mm，填充黏结材料，纵向接缝应交错，外层水平接缝应位于侧面以下；

松散或软绝缘材料应按照规定的密度压缩其体积，密度应均匀。当毛毡材料在管道上包扎时，在搭接处不应出现空隙；

防潮层应紧贴在保温层上，封闭井内，不得有虚拟附着力、气泡、褶皱、裂缝等缺陷；

防潮层的立管应从低端铺设到管道的高端，环向搭接应朝向低端；纵向搭接应位于管道的一侧，并应跟随水；

用螺旋绕组构造线圈防潮层时，卷材的搭接宽度应在30～50mm之间；

阀门和法兰的保温层结构要严格，可以分开拆卸，操作功能不受影响。检查方法：观察检查，用钢针刺穿绝缘层，测量。

检验次数：根据检验次数10次，保温层不得小于10节，防潮层不得小于10米，阀门及其他附件不得小于5节。

9. 采暖系统应根据施工进度，对与节能有关的隐蔽部位或内容进行检查和验收，并有详细的书面记录和必要的图像数据。

检查方法：观察检查；检查隐蔽工程验收记录。

检查号码：检查整个号码。

10. 采暖系统安装后，采暖期间应与热源联合运行调试。联合试运行和调试的结果应符合设计要求，采暖室的温度不应低于2℃，相对于设计计算温度不应超过1℃。

测试方法：检查室内供暖系统的测试操作和测试记录。

检查数量：全面检查

七、通风空调节能工程

（一）接受项目的规定

通风空调系统节能工程的验收可以根据系统、地板、建筑物隔墙等进行，应满足工程质量验收的要求。

（二）工程质量验收要求

·主控工程内容要求

1. 通风空调节能工程中使用的设备、管道、阀门、仪表、保温材料和其他产品进入现场时，应当按照施工图的设计要求，对产品的品种、规格、型号、外观和尺寸进行验收。并由监理工程师（施工单位代表）检查批准，并形成相应的质量记录。各类产品和设备的质量文件和有关技术资料应当完整，并应符合国家有关标准和规定。

检验方法：进行外观检验；对照施工图设计要求，核对质量证明文件和相关技术数据。

检查号码集：成批检查整个数字。

2. 安装通风空调节能工程、排风系统和空调水系统，应当遵守下列规定：

（1）该系统及其安装须符合施工图的设计规定；

（2）各种设备、自动控制阀、仪表应当完全安装，不得随意增加、减少或更换；

（3）供水系统各支管液压平衡装置的安装位置和方向应正确、方便，便于调试和运行；

（4）空调系统安装后，应能控制子室（区）的温度。空调系统安装后，应能满足相应的计量要求，具有独立的建筑物、住户和房间（区）进行冷热计量的要求。

试验方法：根据施工图的设计进行检查和观察。

检验数量：全面检验。

3.通风空调系统的设备和绝缘材料应分别按照下列要求进行检查和重新检查，每一项目复查次数的30%应作为抽样和提交的见证。

（1）检查组合式空调机组、机柜式空调机组、新风机组、单元式空调机组和热回收机组的制冷量、采暖能力、风压和功率。

（2）检查风机的风量、压力和功率；

（3）对风机盘管的制冷量、加热容量、风压和功率进行了重新校核；

（4）对绝缘材料的导热系数、密度、吸水率和厚度进行了重新检测；

检验方法：根据设计和施工表对技术性能参数进行检查，核对质量证明文件和性能测试报告，查阅入境现场验收记录；对再检验项目随机抽样调查并提交检验。

检查次数：检查总项目数；风机盘管单元按每次进料次数2次，但不少于2次；各种绝缘材料每次应复查一次，复检总次数不得少于2次。

4.风管的生产和安装应当符合下列规定：

（1）风管材料的种类、规格、厚度和性能应符合施工图设计和现行产品标准的要求。

（2）风管与部件之间、风管与民用风管之间以及风管与风管之间的连接须紧密而稳固；

（3）风管的密封性和风管系统的检查与泄漏应符合现行国家标准《通风空调工程施工质量验收规范》（GB 50243—2002）的设计要求和有关规定；

（4）在风管与金属支架的接触点、复合风管与需要保温的非金属风管的连接、内部支座的加固等部位设置保温桥梁，并采取符合设计要求的措施。

检验方法：根据设计施工图、标度、观察检验、检查产品进境验收记录、检查风管及风管系统严格检验记录。

检查次数：按随机抽查次数10次，不少于1次系统。

5.组合空调、新风机组和机组空调的安装，应当符合下列规定：

（1）各空调机组的型号、规格、机组数量和技术性能参数应符合施工图的设计要求；

（2）安装位置和方向正确，与风管、供气静压箱和回风箱的连接应严格可靠；

（3）现场安装的组合式空调机组各功能段之间应严格连接，并对其漏风量进行测量，漏风应符合现行国标《组合式空调机组》（GB/T 14294—2008）；

（4）该机组内的空气换热器的翅片及空气过滤器须清洁、完整，并须安装在正确的位置及方向。当设计中未指定过滤器的阻力时，粗滤器的初始阻力应满足＜50Pa（粒径＞5.0pm）和中效过滤器的初始阻力＜80Pa。

检验方法：观察检查，检查产品进口验收记录，检查记录和漏风测试记录。

检查次数：根据检查总数20次，不少于1次。

6. 风机盘管装置的安装应当符合下列规定：

（1）模型、规格、单位数量和技术性能参数应符合施工图的设计要求；

（2）位置、高度、方向应正确，易于维护；

（3）该机组与风管、回风波纹管及空气U之间的连接须严格及可靠。

检验方法：观察检查，检查产品进口验收记录和复验报告。

主要检查次数：根据抽查总数10次，不少于5次。

7. 在空调和通风系统中安装风扇应符合下列规定：

（1）模型、规格、单位数量和技术性能参数应符合施工图的设计要求；

（2）单位风量耗电量应符合国家有关标准；

（3）风机的安装位置和出口方向应正确，与风管的连接应严格可靠。

检验方法：观察检查，检查产品入口验收记录和检验记录。

检查号码集：全部检查。

8. 在集中排气系统中安装具有热回收功能的双向通风装置和排气热回收装置，应当符合下列要求：

（1）模型、规格、单位数量和技术性能参数应符合施工图的设计要求；

（2）安装位置和与进出口管道的连接应正确、严格和可靠；

（3）室外出入口的安装位置、高度和水平距离应符合施工图的设计要求。

检验方法：观察检查，检查产品入口验收记录和检验记录。

检验次数：按抽样检查总数20次，不少于1次。

9. 空调机组回水管道上的电动双向调节阀，风机盘管回水管上的电动双向调节阀，空调机组冷热水系统中的液压平衡装置，自动控制阀和冷（热）计量装置等仪表的安装应当符合下列规定：

（1）模型、规格、数量和技术性能参数应当符合施工图的设计要求；

（2）方向正确，位置便于操作和观察。

检验方法：观察检查，检查产品入库验收记录。

检查组的数量：根据调查类别的数量10项，不少于1项。

10. 空调系统和部件的绝热和防潮层的建造应符合下列规定：

（1）绝热层应使用非易燃或耐火材料，其材料、密度、导热系数、规格和厚度应符合施工图的设计要求；

（2）绝热层应致密、无裂纹、无空洞等。

（3）绝缘层的表面应平整，使用线圈或薄板时，绝缘层厚度的允许偏差应为5毫米，涂抹或其他方法时的允许厚度偏差为5mm。

（4）防潮层（包括绝热层末端）应完全封闭，其搭接处应与水一起；

（5）穿过地面及风管壁的绝缘层须是连续和不间断的；

（6）风管系统组件的绝缘不得影响其操作功能。

检验方法：观察检查，用钢针刺穿人体绝热层，检查比例尺数量，检查产品进口验收记录和复核报告。

检查编号：管道按轴长10选择；空气管道地板及通过壁及阀门等附件取样检查不少于2次。

11. 空调水系统管道和配件保温防潮层的施工，应当符合下列规定：

绝热层应由不燃或耐火材料制成，其材料、密度、导热系数、规格和厚度应符合施工图的设计要求。

绝热壳胶黏剂应牢固，铺平。刚性或半刚性绝缘管和壳体至少要用防腐金属丝或硬胶带或特殊胶带绑贴至少2个通道，间距300～350mm，黏结牢固，不滑动、松弛、断裂；

硬质或半硬绝缘管与壳体的连接间隙保温不大于5mm，冷保温不大于2mm，填充黏结材料，纵缝错位，外层水平接缝应位于侧面以下；

松散或软绝缘材料应按照规定的密度压缩其体积，密度应均匀。当毛毡材料在管道上包扎时，在搭接处不应出现空隙；

防潮层与绝热层应紧密结合，封闭良好，不应存在虚拟附着力、气泡、褶皱、裂缝等缺陷。防潮层应设置防水蒸汽入侵措施；

用螺旋绕组构造线圈防潮层时，卷材的搭接宽度应在30～50mm之间；

空调冷热水管与套管之间通过地板和壁之间，在保温材料的应用上不得有间隙，套管两端应密封和堵塞；

管道阀门、过滤器和法兰部件的绝缘结构应分开拆卸，不得影响其运行功能。

检查方法：观察检查，用钢针穿刺绝热层，测量。

检查次数：根据随机检查次数10次，保温层不得小于10节，防潮层不得小于10m，阀门及其他附件不得小于5节。

12. 空调水系统的冷热水管与支承吊架之间须设置绝热衬里，其厚度不得小于绝热层的厚度，宽度应大于支架和吊架支撑面的宽度。垫圈的表面应该是平的，垫圈和绝缘材料应该是没有空隙的。

测试方法：量表、观察和检验。

检验次数：按抽样检查次数10次，不少于5次。

13. 通风空调系统的实施应随着节能建设的进展而进行，相关的隐蔽部件或内容的验收，并应有详细的文字和图像数据。

检查方法：检查隐蔽工程验收记录。

检查号码集：完全检查。

14. 通风空调系统安装后，需要对单台通风机和空调机组进行测试和调试，并调整系统的风量平衡。试验运行和调试结果应符合工程图纸设计要求和《通风空调工程施工质量验收规范》（GB 50243—2002）的有关规定，并在通过验收前，由具有试验资格的第三方进行测试和报告。

检查方法：观察，旁站，检查测试操作和调试记录。

检查数量：全面检查。

• 一般项目内容要求

1. 空气幕的型号、规格和技术性能参数应符合施工图的设计要求，安装位置和方向应正确，垂直度与水平的偏差不应大于2/1000。

检查方法：观察和检查。

检查数量：根据检查总数10次，不少于1次。

2. 变风量末端装置的型号、规格和技术性能参数应符合施工图的设计要求。与风管连接前应进行动作试验，以确定密封前的正常操作。

检验方法：观察检查，检查产品进货验收记录。

检验编号：按总数检查10台，不少于2台。

八、空调采暖系统冷却、热源及管网节能工程

（一）接受项目的规定

空调供热系统冷热源设备、辅助设备及其管道管网系统的验收，可以分别按照冷源系统、热源系统和室外管网进行，并应满足质量验收的要求。

（二）工程质量验收要求

空调供热系统冷却、热源、管网节能工程的质量验收要求如下。

· 主控工程内容要求

1. 空调供热系统的冷热源设备及其辅助设备、阀门、仪表、保温材料等产品进入现场时，应根据施工图的品种、规格、型号、外观、尺寸等设计要求进行验收。由监理工程师（施工单位代表）审核批准，并形成相应的质量记录。各类产品和设备的质量文件和有关技术资料应当完整，并应符合国家有关标准和规定。

检验方法：进行外观检验；对照施工图设计要求，核对质量证明文件和相关技术数据。检验次数：整批检验。

2. 空调、供热系统及其管网系统的冷热源设备和辅助设备的安装，应当符合下列规定：

（1）管道系统的形式和安装应符合设计要求；

（2）各种设备、自动控制阀和仪表均须全部安装，不得随意加减或更换；

（3）空调冷热水系统应能实现设计要求的变流量或恒流运行；

（4）根据热负荷和室外温度的变化，供热系统应能根据设计要求实现集中质量调节、数量调节或质量控制的联合运行。

检查方法：根据设计施工图进行检查和观察。

检验数量：全面检验。

3. 空调采暖系统的冷热源设备及其辅助设备、保温管道和保温材料，应当分别按照下列要求进行检查和复验，每次复检项目的见证抽样应占复查次数的30%。

（1）对空调和供热系统的制冷和热源的制冷量、供热能力、输入功率、制冷性能系数（或能效比）和额定热效率进行检查；

（2）检查冷却塔、水泵等辅助设备的流量、扬程和电机功率；

（3）重新考察了绝热材料的导热系数、密度和吸水率。

检验方法：根据要求对技术性能参数进行检查，核对质量认证文件和性能测试报

告，检查入境现场验收记录；随机抽取再检验项目并提交检验。

检验数量：检查所有项目；每一次应对各种绝缘材料进行复验，复验总次数不得少于2次。

4. 空调采暖系统及其管网系统的冷、热源、辅助设备应随施工进度进行验收，并要有详细的文字资料和图片资料。

检查方法：检查隐蔽工程验收记录。

支票数量：全额支票。

5. 锅炉、热交换器、电机驱动压缩机、蒸汽或热水式溴化锂吸收式制冷机和直接燃烧溴化锂吸收式冷水机组、冷却塔等设备的安装应符合下列要求：

（1）模型、规格、单位数量和技术性能参数应符合施工图的设计要求；

（2）安装位置和连接应正确。

检验方法：观察检查，检查产品进货验收记录和检验记录。

检查号码集：全部检查。

6. 锅炉额定热效率、电动机驱动压缩机蒸汽压缩循环制冷机（热泵）的性能系数、综合部分负荷性能因数（1PLV）、机组空调器、风管空调机组和屋顶空调机组的能效比（EER），蒸汽热水型溴化锂吸收装置和直接燃烧溴化锂吸收式冷水机组的性能参数，应符合施工图的设计要求，符合国家有关标准。检验方法：检查产品进货验收记录和检验报告。

检查号码：完整支票。

7. 集中供热系统中热水循环水泵的能量传递比（EHR）和空调冷却热水系统的能量效率比（ER）应符合施工图的设计要求，并符合有关国家标准的要求。

测试方法：计算和检查。

检查号码集：全部检查。

8. 在冷热源侧安装电动双向调节阀、液压平衡阀和冷（热）计量装置等自动控制阀和仪表，应当符合下列要求：

（1）模型、规格、数量和技术性能参数应当符合施工图的设计要求；

（2）方向正确，位置便于操作和观察。

检验方法：观察检验，检查产品入库验收记录。

检验次数：按类别数量随机抽查10次，且不少于1次。

9. 如果输送介质的温度低于周围空气露点的温度，则在使用非封闭绝缘材料时，防潮层和保护层必须完全关闭。

检查方法：观察和检查。

检验数量：按数量检查10个零件，不少于5段。

10. 空调供热系统和管网系统的冷、热源、辅助设备安装完毕后，必须对冷热源和辅助设备进行单机运行和调试。在安装了整个空调系统和供暖系统（包括室内系统、冷源、热源和室外管网）之后，必须在没有生产负荷的情况下进行系统的联合试运行和调试。试验运行和调试结果应符合《通风空调工程质量验收规范》（GB 50243—2002）的施工图设计要求和有关规定，并由具有试验资格的第三方进行测试和报告。

合格后方可通过验收。

检查方法：观察，旁站，检查试验操作和调试记录，第三方试验报告。

支票号码：全额支票。

空调、供热系统的冷热源设备和辅助设备及附件的绝缘，不得影响其运行功能。检查方法：观察和检查。

检验数量：每批10件，不少于2件。

第三节　围护结构的现场实体检验

在建筑围护结构施工后，应对寒冷、夏热冬冷地区外墙的节能结构和外窗的气密性进行现场检测。在条件允许的情况下，也可以直接测量围护结构的传热系数。

外墙节能施工现场物理检验的目的是：

- 验证墙体保温材料的类型符合设计要求。
- 验证保温层厚度符合设计要求。
- 检查保温层施工实践是否符合设计和施工计划要求。

严寒、夏热冬冷地区外窗的物理检验方法，应当按照国家有关标准进行。检验的目的是检验外窗的气密性是否符合节能设计要求和国家标准。

合同中可以规定外墙节能施工取样量和外窗气密性，但合同中约定的抽样量不应低于《建筑节能工程施工质量验收规范》(GB 50411—2007) 的要求。没有合同约定的，应当按照下列规定进行抽样：

每个单位的外墙将至少检查三次，每个检查站一个。单位工程外墙有超过2种节能保温措施时，应在不少于2处对每一节能保温实践的外墙进行检查。

至少对每个单元的屋顶进行3次随机检查；每个单元有一个检查点。

检查每个单元的至少3个窗口。当单位工程窗有2种以上的类型、规格和开启方式时，应以不少于2扇门的抽样方式对每种类型、规格和开启方式的外部窗进行检验。

外墙节能结构的现场实物检查，可以由监理人员（施工人员）见证下的施工单位进行，也可以在监理（施工）人员的见证下抽样，委托合格的证人检验单位进行。

外窗气密性现场物理检验。应当在监督（施工）人员的见证下抽样，委托合格的证人检验单位。

围护结构节能保温实践或者建筑外窗气密性现场物理检验不符合设计要求和标准的，应当委托合格的试验单位将不符合要求的样品数量、复核项目或参数增加一倍。“不符合设计要求”的结论应在未满足要求时给出。

应当找出不符合设计要求的围护结构节能保温做法的原因，计算或者评价这些措施对建筑节能的影响，并采取技术措施弥补或者消除，重新审查，合格后方可验收。

对于不符合设计要求和标准的建筑窗的气密性，应找出维修的原因，使其在达到要求后再进行检测，合格后再通过验收。

第四节　建筑节能工程的质量验收

一、验收要求

建筑节能子工程的质量验收，应当在验收所有检验批次、子项目和子项目的基础上，通过外窗气密性现场检验、围护结构节能实践的实体检验、系统功能试验、无生产负荷系统的联合运行和调试，进行质量验收。实践证明，节能部分工程的质量能在实施前达到验收条件。

建筑节能工程验收程序和组织应当符合《建筑工程施工质量验收统一标准》（GB 50300-2001）的规定，并符合下列要求：

节能工程的验收由监理工程师进行，施工方有关专业的质量和施工人员参加节能工程的验收。

节能工程分项目的验收由监理工程师主持，施工侧工程的技术人员和有关的专业素质和施工人员参加；必要时，可以邀请设计代表参加。

节能工程分项验收由总监理工程师（施工单位项目负责人）主持，施工方项目经理、工程技术总监、有关专业素质和施工人员参加；施工单位质量技术主管人员参加；主要节能材料、设备或者成套技术的提供者应当参加；设计单位的节能设计人员应当参加。

建筑节能工程验收数据应当列入建设工程验收数据。

建筑节能工程检验批次的合格质量应当符合下列规定：

检查批准应当按照主要管制项目和一般项目进行。

所有主要控制项目均应合格。

物品应符合条件；在进行计数测试时，至少90%的检查站应符合资格，其余检查站不得有严重缺陷。

应具备完整的施工：操作依据和质量验收记录。

建筑节能工程的合格质量应当符合项目质量验收的下列规定。

分项目所载的检验批准应当合格。

分项目检验批次的质量验收记录应当完整。

建筑节能工程分部门验收施工质量，合格质量应当符合下列规定：

分支工程中的分项工程和分项工程应当符合条件。

质量控制数据应完整。

外墙节能施工现场检测结果应符合设计要求。

严寒夏热冬冷地区外窗气密性的物理试验结果应符合要求。

建筑设备工程系统节能性能测试结果合格。

建筑节能工程验收期间，应当核对下列材料，并接受工程竣工的技术档案。

设计文件，图纸，评审记录，设计变更和谈判。

主要材料、设备、零部件的质量文件、检验记录、复验报告和见证检验报告。

隐藏项目验收记录及相关图像数据。

子工程的质量验收记录应当核对，必要时应当核对检验批次的验收记录。

建筑围护结构节能实践现场检验记录。

外窗密闭现场试验报告。

严格的风管和系统检查记录。

现场组装的组合式空调机组漏风试验记录。

单机调试和调试记录。

系统无生产负荷，联合试运行和调试记录。

系统节能效果检测报告。

其他对项目质量有影响的重要技术数据。

第四章　建筑室内环境污染与控制

最近的研究表明，室内空气质量不仅受到室外空气污染物的渗透和扩散的影响，而且还受到室内污染源的影响。房间里多达数千种常见的有害物质，种类繁多，对人体健康会造成多种影响。

装修中污染物种类繁多，可排放3～15年，对人体健康构成潜在威胁。装修污染的危害主要包括：引起免疫功能异常、肝损伤、脾损伤和神经中枢损害；造成眼、鼻、喉、上呼吸道和皮肤损伤；造成慢性健康损害，缩短人的寿命；严重可导致癌症、胎儿畸形、妇女不孕症等；对正常生长发育的儿童，可导致白血病、记忆减退、生长迟缓等；对女性皮肤等有影响。由于甲醛对皮肤黏膜有很强的刺激作用，接触皮肤后会出现皱纹、汗液分泌减少等症状。汗液分泌减少会阻碍毛孔的污垢和人体新陈代谢。

室内建筑装饰材料中的有害物质是挥发性有机污染物、放射性核素、重金属和微生物。

第一节　室内污染源

室内空气污染源不仅来自室内，也来自外部。室外空气中含有大量污染物，如工厂的化学物质、汽车尾气等，在通风对流时流入室内。室内污染物的典型来源是颗粒物、家具、设施、办公用品、办公和住宅清洁设施、人类活动和生活环境中的临时物质、挥发性物质和建筑装饰材料。另外，装修工艺设计不合理，暖通空调系统的安装和维护不到位等原因，导致有害物质污染室内空气。

一、室内空气污染源

室内空气污染的主要来源可归纳如下：

1. 建筑装饰材料和室内设施

可释放有害物质的建筑装饰材料，包括墙板、各种木基板、各种保温材料、隔音材料、地砖、石材、油漆、黏合剂、防渗材料、釉料和保温材料。这些建筑装饰材料中有些含有放射性物质，有些会释放出一系列挥发性有机化合物。

空气处理系统、湿度调节器和热交换器、建筑物地毯、地板皮革、塑料装饰品、隔间板、家具和书架都可能是有毒或危险的污染源。

各种地毯和地板皮革黏合剂通常对人体黏膜有刺激作用。涂料、填料、涂料、胶合板、刨花板、泡沫塑料填料、各种塑料单板，含有多种有机溶剂和甲醛，对人体危害极大。由刨花板或中密度纤维板制成的家具是室内空气中甲醛的重要来源。

2. 办公设备

办公设备可以释放大量有毒污染物，包括复印机（释放臭氧、碳、无碳复印机）、相机设备（乙酸）、图像机（释放丙烯酸酯）。

3. 室内化工产品

室内化学产品包括装饰材料、化妆品、黏合剂、空气消毒剂、杀虫剂、清洗剂、地毯清洁剂、地板蜡等，使用时会污染空气。有一些关于使用地毯清洁剂超过制造商要求的发病率的报告，因为地毯清洁剂含有十二烷基硫酸钠。

4. 人体排泄物

人体内大量的代谢废物主要是通过呼出气体、排便、出汗等方式排出的。人体排出的气体中有毒物质149种，人尿中有毒物质229种，汗液151种，表皮排泄271种。呼吸道传染病患者和带菌者咳嗽、打喷嚏、说话，其病原体随水滴喷出，会污染室内空气。

5. 燃烧或加热的副产品

燃烧或加热的副产品主要是指各种燃料的燃烧、食用油的加热和吸烟。

6. 室内生物污染

建筑的密封，使室内小气候更加稳定，温度更适宜，湿度更潮湿，通风极差。这种封闭环境很容易滋生尘螨、真菌等生物过敏原，还能在微生物的作用下促进生物产生大量有害气体，如CO_2、NH_3、H_2S等。

7. 室外污染源

工业企业排放的有害物质或气体，运输车辆排放的有害物质，环境污染，如垃圾场、臭坑、花木花粉和孢子。面对街道的居民受汽车尾气的影响较大，室内CO和HCL浓度较高。

此外，用于室内淋浴、冷却空调和加湿空气的水以喷雾的形式进入房间。水中可能存在的致病菌或化学污染物可以在室内空气中喷洒细水雾，如军团菌、苯、汽油等。

以上只是几个主要的污染源。此外，还有家用电器电磁辐射、光伏反应产品（如紫外线灯暴露臭氧）等污染。事实上，室内有害因素的来源是非常广泛的。

二、室内空气污染物

1. 挥发性物质

挥发性有机化合物（VOC）是一种重要的室内空气污染物，已被鉴定为500多种。VOC中除醛外，还有苯、甲苯、二甲苯、三氯乙烯、三氯甲烷、萘、异氰酸酯等。苯是一种无色液体，有一种特殊的气味。常见的苯是甲苯和二甲苯，都是以蒸气的形式存在于空气中。

氧耗是一项综合指标，其值超过标准值，反映了室内还原有机物含量高的特点。

空气样本来自一个封闭的现代化办公室，装修不足半年，室内耗氧量超过了苏联的卫生标准（6mg/m^3）。同时，苯、甲苯、二甲苯等芳香化合物的浓度是世界卫生组织（WHO）0.05mg/m^{3}标准的210倍以上，是标准的30倍以上。

2. 燃烧产物

这是指在室内进行的燃烧产品，主要是各种燃料和烟草的燃烧。燃烧产物是一种复杂的污染物混合物，对室内人群的健康有很大的影响。其主要污染物为SO_2、CO、CO_2、NO_x、甲醛、多环芳烃、可吸入颗粒物（IP）、镉、尼古丁（尼古丁）等。

3. 各种有机化合物

室内环境会受到各种烃类及其衍生物的污染，包括脂肪族、芳香族、烷烃、酮类、环芳烃、氯化烃等。

建筑中含有40多种有机化合物，主要为C8013烷烃、C6016甲苯、1，3-二甲苯、乙苯、三甲基及其他取代苯、乙烷、辛烷、乙苯、三氯乙烯、四氯乙烯、萘、苯甲醛、乙苯、十一烷至十六烷、二甲基戊烯等。

4. 有机体

军团菌为革兰氏阴性杆菌、好氧菌，其最适培养温度为35℃. 细菌在自然界中具有较强的抵抗力，广泛存在于土壤、水体、储水罐、输水管、冷却塔、储水容器等供水系统中。一旦一个人吸引了一个人，轻者就会在体内产生血清学反应，严重的人会引起军团菌病，简称军团菌病。

尘螨是人类生活和工作环境中常见的节肢动物，具有较强的致敏性，可引起哮喘、变应性鼻炎、过敏性皮炎、荨麻疹等。

尘螨种类繁多，以室内尘螨最为常见，其大小为0.2g，0.3mm，可在室温2030℃下存活，最适温度为25℃±2℃，最适相对湿度为75.85%。最佳相对湿度为80%。尘螨倾向于在空气不能流通的地方生存，当空气大量流动时死亡。

5. 氡和衰变产物

镭是铀裂变产生的一种元素，存在于所有岩石和土壤中。惰性气体氡（Rn）产生于镭裂变后，从镭扩散到空气中或溶解在周围的水中。

世界卫生组织已将氡列为19种致癌物之一，并已被确定为可能导致肺癌发病率增加的一种重要室内潜在污染物。

氡的危害在于，当氡被吸入人体时，氡衰变产生的短命子代沉积在肺的支气管上皮细胞中。氡释放的 α 粒子具有较高的能量，会对细胞造成损伤，损伤的细胞可能发生突变。癌细胞的形成，受机体免疫等因素的影响，将发展为肺癌。随着辐射剂量的增加，暴露人群中肺癌的发病率也会增加。

室内氡主要从室内土壤中的房屋和含镭建筑材料或装饰材料，如花岗岩、瓷砖、水泥和石膏中可能含有放射性物质。

三、装饰材料污染

装饰材料种类繁多，分为塑料、纺织品、木材、金属、石材、油漆橡胶、无机矿产品、玻璃、陶瓷九大类，原料用途极为广泛复杂，其中污染成分多样，污染程度也有高低之分。

主要建筑和装饰材料造成的空气污染包括：

无机建筑材料或装饰材料，包括砂、石、砖、瓦、水泥、墙砖、地砖、马赛克、陶瓷、玻璃和混凝土、石灰、石膏及其产品，如砌块、预制体和部件的放射性。

木基板是以木材和植物纤维为原料，通过机械加工，分离成各种形状的单位材料，然后在胶合板、纤维板或刨花板等助剂的组合和添加后，释放甲醛。

涂料中的有机化合物和重金属。

挥发性有机化合物、苯、游离甲醛在各种胶黏剂中。

水性阻燃剂、拒水剂、防腐剂、驱虫剂等中的挥发性有机化合物和游离甲醛。

混凝土防冻施工中尿素释放氨。

地面土壤中的氡。

第二节　甲醛的污染与控制

甲醛（CH_2O）是一种挥发性有机化合物，无色，有强烈的刺激性气味，密度略高于空气，溶于水，其35%或40%的水溶液俗称福尔马林。

造成甲醛污染的可能途径有：装饰材料和新型组合家具；脲醛树脂泡沫；甲醛作防腐剂的涂料；化纤地毯；木质家具用人造板；软家具用油漆和苯胶黏剂等。

甲醛诱捕剂一般是以物理吸附或化学中和原理为基础的。他们中的大多数只是姑息性的，而不是永久性的。因为从理论上讲，甲醛的释放周期长达3～15年，经过处理后也会出现反弹，因此，目前市场上单一的甲醛去除产品无法消除甲醛的释放。

室内空气中的甲醛

研究人员在住宅、办公室、图书馆、工厂车间和其他地点测量了室内和室外空气中的甲醛含量。结果如表8-1所示．表8-1显示，室内空气中甲醛浓度比室外空气中甲醛浓度高2～10倍。

表8-1 室内外空气中甲醛浓度（单位：mg/m^3）

测定场所	室内	室外	测定场所	室内	室外
平方	0.030～0.44	0.005～0.040	办公室	0.010～0.030	0.040～0.015
旧住宅楼	0.010～0.20	0.005～0.040	图书馆	0.010～0.030	0.050～0.015
新住宅楼	0.050～0.380	0.005～0.040	车间	0.2～0.95	0.010～0.081

此外，室内温湿度对甲醛浓度也有一定的影响。结果表明，在一定湿度下，随着温度的升高，室内甲醛浓度呈上升趋势；在一定温度范围内，室内甲醛含量与湿度成正比。因此，温湿度是促进室内甲醛释放的重要因素。

二、甲醛的危害及相关规定

甲醛的固、液、气三种状态具有持久性的挥发性，即游离甲醛。游离甲醛在室温下从源头溢出。

甲醛在空气中的浓度只要0.1mg/m³，就能闻到它；当浓度为2.4～3.6mg/m³时，眼睛、鼻子、喉咙都会受到刺激。饮用40%甲醛溶液30ml后，吸入400mg/m³甲醛蒸气2h后，动物死亡20min。动物反复吸入各种不同浓度的甲醛，轻人出现咽喉，气管黏膜充血，水肿，可发生重症肺炎。

甲醛在人体内会分解甲醇，吸入一定量的甲醛会引起一定程度的中毒，如中枢神经系统瘫痪，使人感到疲劳、视网膜受损、视力下降和头痛症状；甲醛水溶液对皮肤有腐蚀作用，长期接触会使皮肤失去弹性；甲醛有腐蚀肝脏甚至致癌的危险。

甲醛还能与氧气反应生成甲酸（HCOOH)，然后腐蚀产品中的金属零件。

人们普遍认为，游离甲醛会污染周围环境，恶化室内环境，破坏新鲜的室内空气和温暖的气氛，损害人们的健康。甲醛对人体的急性毒性作用，主要用于眼睛、皮肤、黏膜刺激、引起眼痛、流泪、皮炎等症状。可以看出，大多数国家的最大容许浓度在0.1～0.3mg/m³，瑞士和西班牙虽然较高，但一个是指导限值，一个仅适用于室内安装脲醛树脂泡沫材料的初期。

2001年，国家质量监督检验检疫局和国家标准化委员会发布了10项室内装饰材料有害物质限制国家标准。

（1）室内涂料中游离甲醛含量为0.1g/kg。

（2）橡胶胶黏剂的游离甲醛含量为≤0.5g/kg。

（3）水基胶黏剂游离甲醛含量为≤1g/kg。

（4）木质家具≤1.5mg/L释放甲酸。

（5）壁纸中游离甲醛含量为≤120mg/L。

三、装修时间和材料处理对甲醛的影响

室内甲醛浓度的变化主要与污染源的释放量和释放规律有关，也与使用寿命、室内温度、相对湿度、通风程度等有关。其中，温度和通风的影响最为重要。

表8-2是装修竣工后不同时间室内空气甲醛浓度的测量值。试验表明，随着完井时间的延长，浓度逐渐降低。

装修过程中甲醛浓度仍显著高于对照组（3～15年)。

表8-2装修完成后不同时间室内空气甲醛浓度

竣工后时间/月	样本数/个	范围/（mg•m⁻³)	X±s
＜6	76	0.094～0.241	0.170±0.056
6～12	64	0.086～0.184	0.114±0.00.039
12～24	61	0.074～0.146	0.093±0.033
24～36	57	0.052～0.128	0.071±0.022
对照组	55	0.030～0.102	0.047±0.012

经国内大型酒店装修后，甲醛浓度峰值可达0.85mg/m³左右，使用一段时间后可降至0.08mg/m³。

一般住宅在新装修后的峰值为0.2mg/m³左右，经过一段时间的使用，可降至0.04mg/m³。装修完毕后，居民在不同的时间内，其眼部和上呼吸道刺激性症状如泪液、视力不清、咳嗽、呼吸困难增加。完成时间越短，这些症状的发生率越高。术后24～36个月眼刺激发生率明显高于对照组，上呼吸道刺激发生率在术后12个月明显高于对照组，但两组间无显著性差异（P＞0.05）。

含有甲醛成分并可向外界分发其他各类装饰材料，有墙布、壁纸、化纤地毯、泡沫塑料、涂料和涂料等。

分析表明，可对人造板的表面和端面进行涂敷，以控制板材在室内空气中的暴露面积，从而有效地减少板材中残留的、无反应的甲醛向周围环境的释放。单层涂层和多层涂层可以取得较好的效果，单层涂层更经济、适用，多层涂层效果持久。

板型对胶合板、木板、刨花板和中密度纤维板的影响最大，胶合板甲醛释放量最高。原因如下：

1）胶合板用脲醛树脂的摩尔比一般较高，游离甲醛含量往往略高。

2）树脂重量与木材重量之比高于其他板种。

四、人造板中甲醛的释放与控制

在人造板中，甲醛对室内的污染最为严重，在材料生产、家具与室内设计、装饰装修施工以及家居人群等方面引起了广泛的关注。下面介绍人造板的生产和应用．甲醛释放的原因及控制措施。

1.影响木基板甲醛释放的因素

影响人造板甲醛释放量的主要因素有原材料因素、工艺因素、试验方法、应用环境因素、后处理因素等。

木材原料因素：不同树种可影响板材制作后甲醛的释放量。例如，桦木刨花板比云杉刨花板高20%，云杉刨花板比橡木刨花板高10%。

热压工艺因素：热压温度和热压时间对甲醛释放量有很大影响。随着热压温度的升高和热压时间的延长，板材的甲醛释放量降低。

化学原料因素：氨基合成树脂的摩尔比是测定人造板甲醛释放量的重要因素。在一定范围内，摩尔比与甲醛释放量之间存在近似线性关系。

产品的结构和胶黏剂在板材中的分布比其他板材更容易导致甲醛排放到外界。

后处理效果：热压后降低人造板甲醛释放量是非常重要的。

环境对甲醛释放量的影响：温度、相对湿度和空气流量对人造板甲醛释放量有一定的影响。

2.人造板甲醛释放量的控制

随着甲醛与尿素摩尔比的降低，树脂中游离甲醛含量降低。因此，降低原料配方中甲醛的含量可以减少树脂溶液中游离甲醛的含量。

改进热压工艺：延长热压时间可降低游离甲醛含量。此外，随着热压温度的升高，板坯热压过程中甲醛释放量降低。

改进上浆工艺：缩短上浆时间，或使工艺处于封闭容器中。

添加甲醛诱捕剂：常用的甲醛诱捕剂为尿素、三聚氰胺和树皮粉，硫脲作为甲酸诱捕剂也较为理想。当选择阻燃剂时，游离甲醛含量可降低60%左右。

改善板坯含水率：板坯含水率固定时，终水含量越低，板中甲醛含量越低。因此，降低热压后板坯的最终含水率或增加热压前的含水率，可以降低板坯中甲醛的含量。

第三节　挥发性有机化合物的污染与控制

已鉴定出500多种挥发性有机化合物（VOC），它们不是单独表达的，而是以总挥发性有机物（TVOC）的形式表达的。其来源主要是家具和室内装饰材料。

一、室内VOC污染

在非工业环境中，挥发性有机化合物（VVOC）中的甲醛污染更为严重，而挥发性有机化合物（VOC）通常是空气污染的重要来源。

二、VOC对人体健康的危害

除甲醛外，挥发性有机化合物主要是苯和苯，它们是对人体有害的化学物质。室内VOC可引起免疫功能障碍，影响中枢神经系统功能，出现头晕、头痛、嗜睡、乏力、胸闷等自觉症状，还可影响消化系统、食欲不足、恶心等。它甚至会损害肝脏，引起造血系统的超敏反应。

室内装修与室内VOC排放浓度有着直接的关系，不同房间或公共场所装修后不同时期的VOC污染情况不同。

室内装饰会造成严重的室内VOC污染，装饰材料是室内VOC污染的主要来源，这些材料包括板材、油漆等。

因此，在装修中，尽量选择安全、低毒的新型环保材料，并加强室内通风，尽量避免在30天内进行装修。

三、影响VOC传播的因素及控制措施

1. 影响材料中VOC排放的因素

（1）环境温度。

（2）VOC浓度。

（3）材料的释放特性。

（4）通风条件和风速。

（5）材料的种类和性能。

2. 减少VOC对人体健康影响的措施

（1）精心选择装饰材料。

（2）加强室内通风和通风。

（3）“采暖法”在新建房屋中的应用促使VOC的迅速传播。

（4）采用甲醛诱捕剂降低甲醛释放量。

（5）在室内饲养几盆不同种类的花。

目前市场上有两种甲醛“杀菌剂”，一种是密封胶，另一种是甲醛诱捕剂、甲醛消毒剂。这两种产品各有优缺点。

将密封胶涂在产品表面，起到阻隔甲醛的作用，使其不能释放，从原理上讲，这是一个比较好的做法。然而，家具在磨损的过程中，很长一段时间内，密封胶的原始应用将失去其原有的作用。

甲醛诱捕剂、甲醛消毒剂是通过化学反应，加速了甲醛在家具中的释放。然而，其中一些化学物质会损坏家具并在衣服上留下污渍。此外，还有一些甲醛产品只在溶液中添加了一些香精，喷洒到屋内，掩盖了原来的味道，不起到去除甲醛的作用。

中国预防医学研究院的官员表示，还没有对“甲醛消毒剂”等产品进行过毒理学测试。大多数业内人士认为，甲醛消毒剂等产品只能在一定程度上减少室内空气中的甲醛污染，不能完全消除室内空气中的甲醛。

3. 净化空气的植物

目前，初步认识到室内空气净化的主要植物有：

（1）绣球、秋海棠、芦笋、菊花可在夜间吸收二氧化碳、二氧化硫等有害物质。

（2）菊花、金绿苹果、芦荟、君子兰花可吸收空气中的甲醛。

（3）铁树、菊花、常春藤对苯的挥发性气体有吸收作用。

（4）竹笋对二氧化碳有较强的吸收能力。

（5）龙舌兰和福冲花对空气中苯有吸收作用。

（6）玫瑰可吸收氟化氢、苯、硫化氢、乙基酚、乙醚等气体。

（7）红色颧骨花能吸收化纤、溶剂和油漆中的二甲苯、甲苯和氨。

（8）龙血树（巴西铁）、雏菊、常绿可在洗涤剂和黏合剂中从复印机、激光打印机和三氯乙烯中去除。

（9）米兰、蜡梅等能有效去除空气中的二氧化硫、一氧化碳等有害物质。

（10）玫瑰、桂花、紫罗兰、茉莉花、康乃馨等芳香花挥发油具有明显的杀菌作用。

（11）原产于干旱热带地区的多汁植物，如仙人掌，在吸收二氧化碳的同时产生氧气，从而增加了室内空气中负离子的浓度。

（12）仙人掌和仙人掌生长在阳光很强的地方，吸收辐射的能力特别强，可以帮助人们减少辐射的一些危害。

第四节　放射性物质的污染

室内放射性物质污染与建筑材料和装饰材料的关系非常复杂。材料对室内放射性物质污染的综合评价应由专业技术人员完成。正确评价建筑材料和装饰材料的放射性状况，有利于建材行业的可持续发展，有利于合格建筑材料和装饰材料的选择。

一、材料的放射性及其危害

1. 放射性材料的内照射和外照射

建筑材料和装饰材料中放射性核素对人体的危害有两个方面：

建筑材料和装饰材料中镭（^{226}Ra）、钍（^{232}Th）和钾（^{40}K）三种主要放射性核素释放出 β 、γ 射线，对人体产生所谓的外照射。

建筑材料中的镭、钍衰变释放出来的放射性气体氡（^{226}Rn）及其短寿命子体，通过呼吸进入人体肺内或沉积于器官壁，而对人体产生所谓的内照射。

严格地说，天花板周围的房间、地板和墙壁都产生辐射，人体产生外部辐射。

2. 材料的放射性控制标准

放射性物质是否会对人体产生危害可以从放射性活度和剂量当量两方面加以控制。

放射性活度与比活度：放射性活度简称活度，它的SI单位是“s^{-1}”，SI单位专名是贝可［勒尔］(becquerel)，符号为Bq。1Bq=1次衰变/s。单位质量或单位体积的放射性物质的放射性活度称为放射性比度，或称比活度。

剂量当量：国际放射防护委员会（ICRP）规定，工作人员全身均匀照射的年剂量当量限制为50mSv（毫希沃特），广大居民的年剂量当量限值为1mSv（0.1rem）。我国放射卫生防护基本标准中，规定放射性工作人员受到全身均匀照射时的年剂量当量不应超过50mSv（5rem），公众中个人受照射的年剂量当量应低于5mSv（0.5rem）。当长期持续受放射性照射时，公众中个人在一生中每年全身受照射的年剂量当量限值不应高于1mSv（0.1rem）。

3. 放射性及其危害

如上所述，天然核素对人体的危害有内照射与外照射之分。内照射是以食物、水、大气为媒介，摄入人体后自发衰变，放射出电离辐射。外照射是核素在衰变过程中，放射出电离辐射 α 、β 、γ 射线，直接照射人体。

氡及其后代通过内照射对人体有害。当氡及其后代进入人体时，氡的儿子会在气管、支气管和肺中积累氡，并继续迅速腐烂，产生强烈的内部辐射并发射高能粒子。产生电离作用，刺激对人体细胞组织的杀伤，使细胞发生突变，成为癌细胞，引起癌症。人类受到电离辐射损害的最早记录是暴露于高氡及其后代的矿工患肺癌。

二、室内放射性的主要来源

1. γ 射线外照射

室内的 γ 辐射主要来自建筑材料。

2. 装饰材料的外照射

室内装修后，花岗岩、磷石膏等可使室内氡浓度增加，瓷砖不仅可增加室内氡浓度，还可增加 β 辐射，从而对居民形成不必要的辐射。

3.室内氡

氡来源广泛，但室内氡主要来源于建筑材料和装饰材料，以及室内天然气、生活水和地表土。

室内氡浓度的高低主要取决于建筑物基础的地质结构、建筑装修材料中的镭含量、房屋的密封性、室内外空气交换率、气象条件等因素。

三、天然石放射性

1.花岗岩

花岗岩的矿物成分主要有石英、长石和云母，化学成分主要为二氧化硅，属火成岩中的酸性岩石，原生放射性核素^{238}U、^{226}Ra、^{232}Th和等含量较高。花岗岩因化学组分差异而呈现不同颜色，其中尤以红色和黑白相间颜色的放射性含量较高。

2.大理石

大理石的辐射水平较低，大理石与普通红砖无明显差异。

颜色对放射性也有影响。红色和绿色大理石的放射性最高，而白色和黑色大理石的放射性最低。因此，我们应该仔细选择红色，棕色，绿色，或大理石大红斑。此外，根据我国石材的放射性水平可分为A、B、C三种类型；根据规定，只有一类可用于室内装饰。

3.砂岩

砂岩中放射性物质的含量取决于其母岩（主要是岩浆岩）中放射性核素的含量和成岩过程中的环境因素。

花岗岩大理石和砂岩中天然放射性核素的含量和空气中的吸收剂量表明，花岗岩的比活度和吸收剂量率远高于大理石和砂岩。

四、瓷砖的放射性

瓷砖主要由黏土或页岩制成，表面有不同颜色的釉料。由于原料的不同，钢坯的辐射水平不同，一般以页岩为方坯比用黏土作钢坯的放射性稍高。

釉料中所用含锆化合物有锆莱石（$ZrSiO_4$）和氧化锆（ZrO_2），在瓷砖坯体表面涂上釉料后，由于引入了放射性较高的物质，增加了β、γ辐射强度，从而增加了室内附加剂量率。使用低辐射釉料的瓷砖，是室内装饰中的明智之举。

五、其他装饰材料的放射性

1.石膏装饰材料

天然石膏装饰材料的辐射水平较低，其γ外照射吸收剂量率为0.10～0.16μGy/h，^{226}Ra比活度为10～22Bq/kg，^{232}Th比活度为4～11Bq/kg，不会对居住者造成放射性危害。

利用硅酸盐工业中产生的磷石膏制成的建筑材料和室内装饰材料的放射性元素含量较高，^{226}Ra含量高达^{1221}Bq/kg。（正常为178～740Bq/kg）

一些国家用磷石膏作为建筑材料或装饰材料的房屋内，其^{226}Ra含量和γ吸收剂量率如表8-3所示。

表8-3 一些国家用磷石膏作为装饰材料时的辐射性

国家	^{226}Ra/（Bq/•kg^{-1}）	Γ吸收剂量率/（μGy/•h^{-1}）
波兰	370	0.63
英国	284	0.59
美国	438	0.75
缅甸	420	0.68
芬兰	258	0.84

2. 木料

木材中的放射性物质是从土壤中转移出来的。由于土壤中放射性核素的含量因地而异，因此木材中的放射性存在差异。一般来说，木材中的放射性水平相对较低。

第五节　装饰材料污染水平的测定

通过上述讨论，发现装修材料的主要污染是有害气体，尤其是甲醛的危害，此外还有放射性污染和生物污染。甲醛的危害是：大量用于装饰的人造板的污染比较严重，涂料中挥发性有机化合物的污染更严重，天然石材的污染在放射性危害方面更严重。以下是对这些材料污染程度的简要介绍。

《民用建筑工程室内环境污染控制规范》（GB/T 50325—2010）以氡、甲醛、氨、苯、总挥发性有机物（TVOC）和游离甲苯二异氰酸酯（TOI）为主要污染物。

一、木板材甲醛释放量的测定

《人造板及其制品甲醛释放量限值》（GB 18580—2001）提供了三种检测人造板甲醛含量或释放量的方法：穿孔萃取法、烘干机法和气候箱法。

1. 穿孔萃取法

该方法是测定人造板中甲醛含量的基本方法．操作工艺为：在甲苯溶液中加热100g板（20mm×20mm），沸腾回流2h，再吸收蒸馏水或去离子水提取的甲醛。用乙酰丙酮分光度法测定水溶液中甲醛的含量。

优点：设备简单，易于推广，萃取不受环境温度和气候因素的影响，试验结果重复性好，甲苯可回收再利用。

缺点：测量成本高，正常使用条件下与实际排放的距离相对较大，仅适用于表面未装饰的平板。测量值与板的含水量有关。不同含水率板的甲醛释放量比较困难。

2. 烘干机（空气）法

干燥器的方法是将装有300毫升蒸馏水的玻璃容器放置在干燥机底部，将试验板（150mm×50mm）挂在固定在其上方的金属支架上，并在一定温度下放置24小时。蒸馏水吸收释放的甲醛并对溶液进行采样。用乙酰丙酮分光度法测定溶液中甲醛的含量。数据为游离甲醛释放量。该方法简单、操作方便，检测时间短。

3. 气候箱法（环境试验室法）

气候箱的体积通常为40m³。材料必须采用无化学活性、无吸附、不释放挥发性有机物的惰性材料，气候箱法模拟室内环境，并考虑了影响木质板材甲醛释放的因素（温度、相对湿度、风速和空气交换速率）。测定了箱体空气中甲醛的平衡浓度。因此，计算甲醛释放量，其数值接近实际值。

优点：模拟气候箱法强，接近实际释放。

缺点：这种方法的结果受测试环境温度的影响很大。该方法在20T和25T上的误差高达40和455，仅适用于温湿度可控的恒温恒湿实验室。

4. 其他检测方法

（1）气体分析。

（2）电化学方法和气相色谱法。

（3）催化分光度法。

（4）室内空气中甲醛检测器。

（5）动力学分光度法测定甲醛。

（6）荧光法。

（7）化学发光法（CL法）。

（8）空气循环。

二、涂料和涂料中有机挥发性化合物的测定

由于技术和设备的不成熟，用烘干机或气候箱法测定涂料和涂料中的VOC含量比较困难，而只能测定涂料和涂料中的TVOC含量。

当物料在一定温度下蒸发时，无挥发分，损失的挥发物为TVOC和水分。因为油漆一般不含水分，所以失去的挥发性物质叫作TVOC。水性涂料检测水分，除水是TVOC. 用气相色谱法或Karl Fischer法测定水分含量。

1. 气相色谱

流动相为气相，称为载气，色谱柱分为填充柱和毛细管柱。填料柱包括吸附剂、聚合物多孔颗粒或固定液体包覆载体，毛细管柱内壁或载体被包覆或交联。将注入进样口的样品加热气化，并将气体带入色谱柱。柱中组分离后，样品依次输入检测器，色谱信号由记录器或数据处理器记录。

2. 卡尔·费舍尔定律

基于化学反应原理的水分测量方法准确可靠。它广泛用于测定液体、固体或气体中的水分含量。卡尔·费舍尔法是许多国家和专业机构采用的标准分析方法，用于校准由核磁光谱、红外光谱和微波水分计等原理制成的湿度计。

三、石材中放射性物质的测定

1. 室内空气中氡的测定

闪烁瓶法：空气泵通过干燥塔过滤含氡的空气，并将其吸入闪烁室。氡及其子体发射的α粒子在闪烁室的ZnS（Ag）柱中产生闪光，光电倍增管将这一光信号转化为

电脉冲。由单片机组成的控制和测量电路对探测器输出的氡脉冲进行放大和整形，并在一定的时间内进行计数。单位时间脉冲数与氡浓度成正比，从而确定空气中氡浓度。

活性炭箱法：一种被动取样方法，可测量取样期间的平均氡浓度。

活性炭箱放置在待测建筑的室内，按照国家标准规定的时间收集，收集时间到达后送回实验室。用低本底多通道γ射线光谱仪进行了测量，并使用了专用的分析计算软件。可直接获得室内空气中的氡浓度（Bq/m^3）。

该方法特别适用于建筑工程验收、室内氡浓度调查等大量室内空气氡浓度的同时检测。

2. γ射线的仪器测定

TL2806智能X和γ环境水平剂量率仪是常用的γ射线测量仪器. 整机体积小，美观，携带方便，具有辐射强度报警、故障自诊断和保护功能。适用于环境水平X和γ辐射剂量水平的测量。如环境γ背景调查、铀矿勘查、建筑材料和室内放射性探测、各种非开放放射性场地防护评价等。

第六节　绿色装饰

绿色是指自然和原始的环境，绿色装饰是以自然、安全、简约、美观、舒适为目标，有利于健康、良好的环境、有利于生态和点缀适量有益花卉的装饰。即采用优质绿色环保建筑材料；请优秀的装饰公司进行科学设计，规范施工；竣工后20天（通风）提供权威单位，按照国家标准颁发室内环境质量安全认证；入住，摆放适量的花卉装饰，即绿色装饰。

为什么是绿色装饰？随着人们生活水平的提高，建筑的装饰越来越受到人们的重视，而家居装修的成本也在逐年上升。装饰既要注意装饰带来的污染，又要满足装饰的美观、舒适和温暖。据报道，近70%的疾病根源于室内空气污染：由于室内环境恶化，我国肺癌发病率以每年26.9%的惊人速度增长，80%的白血病发病率与室内空气污染直接相关。一些新婚夫妇搬到新家后很长一段时间没有怀孕，他们找不到原因，或者孕妇在正常妊娠中发现胎儿畸形。这些都与装修污染有关。装修污染被称为“贴身杀手”，对身体造成更大的伤害，因此，很多人谈论装饰颜色的改变，宁愿不去装饰，而不是因为装修对健康的危害。可见，绿色装饰是一种必然趋势，是人们对健康生活的向往。

要进行绿色装饰，首先要进行绿色设计，使居住空间的使用更加合理，如科学间隔、通风等，以保证室内空气的新鲜度；选用玻璃门窗隔断，以减少噪声对人体健康的危害。整体设计是不夸耀丰富，比较为色调，不从事有价值的材料堆叠，强调和谐的色彩。色彩对人的生理和心理有一定的影响，悦耳的色彩帮助人体减轻疲劳，冷暖色调的合理搭配可以有效地调节情绪。二是选择绿色建筑装饰材料，以环保为目的设计生产无毒、无害、无污染的装饰材料，并按照环境保护标准由国家环境保护部门指定机构确认和发放产品；选择绿色家具，即基本不排放有害物质的家具，如原木系列，高科技木家具，高纤维板家具，纸家具系列，未漂白牛，猪等皮革制品家具，天然藤、竹家具系列；选择绿色家用电器和照明，以节约资源，保护环境，高效安全为目的家用电器和照明设施。第三，强调居室绿化，绿化植物的摆放，可以吸收室内有害物质，改善室内空气质量，给人一种安逸和谐的感觉，对比家庭气氛，增加生活兴趣，提高生活质量。

一、绿色建筑装饰材料

（一）对绿色建筑装饰材料的基本知识

“绿色”是描述或定义材料的一个抽象、宽泛、模糊的词。因此，“绿色材料”常被称为“环境材料”“环保材料”“环境协调材料”“生态材料”“环保材料”等。用一两句话来界定绿色材料和绿色建筑材料或绿色装饰材料是很难解释的，以下是关于绿色材料和绿色建筑材料的问题。

1. 绿色建材的基本概念

绿色材料是地球环境中负荷最小的材料，在原材料的选择、产品的制造、使用或回收、废物的处理等方面都有利于人类的健康，也被称为“环境和谐材料”。绿色建材是一大类绿色材料。

绿色建筑材料的基本功能不仅是建筑材料的基本实用性，也是维护人类健康和保护环境的基本功能。

2. 绿色建筑材料的基本特征

尽量减少资源消耗。绿色建材生产中所使用的原材料尽可能少地利用自然资源，以及大量的尾矿、废渣、垃圾、废液、农作物残渣等废弃物。

将能源消耗降到最低。低能耗制造工艺及利用太阳能、风能等天然能源。

产品加工无害。产品可回收或回收，无环境污染废物。

清洁生产工艺。在产品的制备和生产中，不得使用甲醛、卤化物、溶剂或芳烃，产品中不得含有汞及其化合物，不得使用含铅、镉、铬及其化合物的颜料和添加剂，即不使用对环境造成污染和对人体有害的物质。

产品安全友好。产品不仅不危害人体健康，而且应该有益于人类健康。产品还具有抗菌、杀菌、防雾、除臭、隔热、阻燃、防火、调温、增湿、降噪、消磁、辐射防护、抗静电等功能。

3. 绿色建筑材料的测试与评价

绿色建筑材料的研究、开发和应用应考虑的内容如下：建筑材料对地球臭氧层的破坏程度；是否有利于保护树木，改善生态环境，减少 CO_2 排放，降低放射性影响，减少有害化学品的影响，减少声、光、电、磁等污染。

（1）绿色建筑材料分类：

1）绿色建材测试指标：一般可分为以下两类。

第一类是单一的物理化学指标，包括放射性强度、甲醛含量等。

二是综合试验指标，包括挥发物总量、人体感觉试验、易燃性等级、氧指数、废弃物利用率、木材替代和节能效果等。

2）绿色建材的评价指标：可分为以下两类。

第一类是健康评价指标，包括放射性强度和甲醛含量。在这些指标中，只要有一项不符合标准，就不符合绿色建筑材料标准。

第二类是综合评价指标，包括挥发物总量、人体感官测试、易燃等级和综合利用指数。只要这些指标中有一两个是好的，材料就可以用作绿色建筑材料。

（2）国内外绿色材料的发展

德国是世界上第一个实施环境标签制度的国家。1978年，德国发布了第一个环保标志，“蓝色天使”。一种无毒、无味、无害的水性建筑涂料在德国获得“蓝色天使”标志后，迅速占领市场，传统溶剂型建筑涂料逐渐被淘汰。

为促进绿色建筑材料的发展，引入了卫生建材（HBM）标准。该标准规定，在销售的建材产品使用说明书时，除标注产品质量标准外，还必须标出卫生指标。

美国是较早提出环境标志的国家，华盛顿州要求机关办公室室内所有饰面材料和家具（包括地毯、涂料、胶黏剂、防水材料等）在正常条件下，TVOC不得超过0.5mg/m^3，可吸入的颗粒不得超过0.05mg/m^3，甲醛含量要小于0.06mg/m^3，4-甲基环己烯含量要小于0.0065mg/m^3（仅对地毯）。

日本于1988年开始进行环境标志工作，迄今已生产出2500多种环保标签产品。在绿色建材产品的研发以及健康住宅示范工程建设等方面都取得了可喜的成果。例如，一条50吨的生态水泥日产生产线已经建成；日本东涛公司成功地开发了一种能有效抑制细菌繁殖和防止霉变的健康瓷砖。日本铃木工业公司开发了具有调湿防霉功能的墙砖、净化空气的预制板等。

我国也做了大量的绿色建筑材料的研究和开发，并取得了一定的成果。

1995年5月，苏州新建筑涂料厂沧浪丙烯酸BS合成树脂乳液涂料和洛阳防水涂料厂大宇DC-818水性涂料被批准为国内第一批环境标志产品。

在一些发达国家对绿色建筑材料的开发和研究达到较高水平的同时，工业废渣的综合利用率达到了95%和100%。中国在这一领域的发展和研究也取得了一些突破。

（3）绿色建筑材料的技术发展：

高科技绿色建筑材料。包括对健康建筑卫生陶瓷、室温远红外建筑陶瓷、电磁波屏蔽材料、耐辐射内墙涂料、电致天然光产生材料的消毒。

工业废渣的综合利用。粉煤灰综合利用技术，生活垃圾在建材领域的综合利用，磷石膏和脱硫石膏的应用。

建筑材料生产的生态技术。建筑材料生产中的富氧燃烧技术、废气净化利用、环境负荷和性能评价系统、数据库和绿色标志建筑材料示范系统。

（二）环境功能装饰材料

环境功能装饰材料是绿色建筑材料之一，其主要特点是：

（1）在使用过程中具有净化、处理和修复环境的功能。

（2）在使用过程中无二次污染。

（3）易回收再利用。

环境功能装饰材料主要包括抗菌材料、空气净化材料、保健功能材料、电磁波防护材料等。

1. 抗菌自洁装饰材料

（1）抗菌陶瓷

生产抗菌卫生陶瓷的方法主要有：一是在高温下，将能够抑制细菌生长的Ag^{+}烧结在陶瓷器件的表面，不仅可以避免陶瓷器件滋生细菌，而且细菌一旦附着在上面就会被杀死。二是利用高温将光电催化剂TiO_2烧结在陶瓷器件表面，当荧光灯放出的紫外线冲击到它上面时，TiO_2即产生活性氧，分解有机物，从而阻止细菌的生长，同时还可除去室内臭气，保持空气无异味。三是在普通陶瓷器件的表面涂上一层TiO_2，外面再涂敷铜和银的化合物，在荧光灯的照射下，能发挥最大的杀菌功效，1h内可杀死99%的葡萄球菌。

银系抗菌陶瓷：将抗菌效果好、安全可靠的银、铜等元素加入到陶瓷釉料中，经施袖和烧结后，使之在陶瓷表面的釉层中均匀分散并长期存在。

银、铜一般以其特殊的无机盐形式（用锆酸盐或硅酸盐作载体）引入，在高温烧成时应抑制银的高温反应和着色。在工艺技术上，需从釉料的组成、烧成温度和气氛等方面采取相应措施。

其杀菌机制是：釉中Ag^{+}（此外还有Cu^{2+}、Zn^{2+}等）非常缓慢地溶出，通过扩散到达细胞膜并被细胞膜吸附，破坏细胞膜及细胞的新陈代谢，从而产生了杀菌作用。

氧化钛（TiO_2）光催化系抗菌陶瓷：所谓光催化材料，就是通过吸收光而处于高能状态，并以此能量与某些物质发生化学反应的材料。例如TiO_2，其光催化作用与太阳能电池的工作原理相似，在阳光的作用下，TiO_2发生电离而产生带负电的电子和带正电的空穴，这种电子和空穴具有很强的还原和氧化能力，能与水或水中的氧发生反应，生成OH^{-}或O^{2-}其作用与漂白粉和过氧化氢一样，由于氧化能力很强，因而具有很高的消毒杀菌功能。

在釉面砖的表面引入TiO_2，可以制成含TiO_2光催化的抗菌性陶瓷面砖。以陶瓷粉末为载体、表面包覆TiO_2光催化的粉末状陶瓷制品，在环境保护方面展示了广阔的应用前景。例如，它能分解卷烟的烟臭味，使大气污染物质NO_x和SO_x无害化；能降解一些难于分解的化学物质，也可使泄漏在海洋中的原油分解。总之，TiO_2催化陶瓷对净化生态环境具有重要意义。

（2）抗菌塑料

抗菌塑料是一种能抑制或杀死环境中细菌、真菌、酵母、藻类甚至病毒的塑料。它可以通过抑制微生物的繁殖来保持自身的清洁。抗菌塑料作为一种具有特殊功能的新型塑料，近年来得到了迅速的发展。

目前，抗菌塑料主要是通过在普通塑料中添加少量的抗菌剂来获得的。抗菌塑料中使用的抗菌剂一般分为有机抗菌剂、无机抗菌剂和天然抗菌剂。20世纪中叶，有机抗菌剂被用于整理织物以获得抗菌纤维产品，而无机抗菌剂在20世纪80年代得到了迅速的发展和应用。目前，抗菌塑料的研究和开发已经进入了无机和有机复合抗菌的新时代。此外，抗菌活性基团的直接合成也越来越受到人们的关注。这些新课题的研究将进一步提高材料的抗菌性能，对环境保护起到积极的作用。

抗菌塑料用于家用电器和日常生活用品后，将越来越多地应用于建筑材料和室内装饰材料中。高档轿车的内部也将越来越多地使用抗菌材料，如汽车的方向盘、室内装饰法兰绒、座椅、手柄等已经使用了抗菌塑料和抗菌材料的制造。

（3）抗菌自洁玻璃

抗菌自洁玻璃通过在普通玻璃表面镀上一层纳米TiO_2晶体的透明涂层。在紫外光下，它具有奇怪的性质：第一，光催化活性。附着在玻璃表面的有机污垢可迅速分解为无机物，从而实现玻璃的自清洁功能。二是光诱导的超亲水性，水的接触角小于5°，玻璃表面不易挂水珠，能将油污与TiO_2薄膜直接接触分离，使有机物从表面提升。这些有机物也很容易被雨水冲走，以保持玻璃本身的清洁。第三，在光催化作用下，具有杀菌作用，杀灭和分解细菌和病毒。其原理是，由于TiO_2在玻璃表面覆盖着一层TiO_2薄膜，它可以在阳光下形成自由运动的电子，特别是紫外线辐射，同时留下一个带正电荷的空穴，从而激活空气中的氧气并将其转化为活性氧。这种活性氧可以杀死大多数细菌和病毒。

抗菌自洁玻璃可广泛应用于医院门窗、家电玻璃罩、室内浴镜、高档建筑卫生间塑料镜子、汽车玻璃、高层建筑幕墙玻璃等，不仅适用于各类公共建筑，也适用于各类公共建筑。也适用于普通家居装饰使用。在家中使用自洁玻璃，可有效消除室内气味、烟雾和人体气味.

由自洁玻璃制成的建筑玻璃幕墙能长时间保持清洁明亮，使建筑物明亮，大大降低了幕墙的清洗成本；采用自洁玻璃制作道路照明玻璃，可显著提高照明效果，避免清洗成本；自洁玻璃用于汽车玻璃和镜子中，不仅避免了频繁的清洗，而且使雨滴迅速蔓延，不影响驾驶员的视力。自清洁玻璃还可用于太阳能电池和太阳能热水器，显著提高光电转换和光热转换的效率。

2.空气净化材料

结果表明，只有在能量大于3.2eV的光下，才能用纯TiO_2激发光催化反应，这种光在自然光中所占的比例很小（约4%）。因此，TiO_2的光催化性能在一定程度上受到了限制。然而，在TiO_2颗粒中加入一定量的过渡金属和稀土氧化物（尤其是稀土元素）可以显著提高TiO_2颗粒在自然光照条件下的降解能力。由于掺杂后TiO_2颗粒的晶粒细化，比表面积增大，表面缺陷增加，半导体TiO_2的带隙能降低，TiO_2颗粒表面的催化活性提高。

空气净化材料是由掺杂TiO_2光催化剂和具有多孔结构的无机材料组成的一种材料，具有净化空气和产生负离子的功能。

中国还率先利用稀土、纳米TiO_2和无机材料（主要是膨润土）制备具有抗菌、空气净化和负离子生产功能的新材料。利用稀土原子半径大、外电子化学活性高的优点，提高了TiO_2半导体表面的能级，提高了TiO_2的光催化活性。同时，利用膨润土等无机材料的层状和多孔结构的离子交换特性，以及吸附、组合和分解的协同效应，研制了空气净化灭菌天花板。试验和应用试验表明，各项性能指标均达到国家标准，达到或超过日本同类产品的平均水平，具有良好的降CO、产负离子等环境功能。

3.保健功能材料

这种材料是指将远红外材料（Zr、Fe、Ni、Cr）及其氧化物与半导体材料（TiO_2、ZNO等）混合而成的建筑材料。并按一定比例添加到内墙涂料或其他建筑材料中。该产品可在常温下发射8～18nm的远红外光。医学研究表明，远红外波长范围可以促进体内微循环，加速人体代谢。将这种远红外材料引入建筑陶瓷、卫生陶瓷釉中，产品可用于高档建筑。

巴西和日本等国的研究人员发现，电气石-俗称贾斯珀-具有健康功能，因为居民和采矿工人比居住在巴西矿场附近的其他地区的居民和采矿工人更不易患病，寿命也相对较长。他们从电气石中获益。该材料的健康机理是光化学、压电、热电、超声波和红外等生物效应，以及微量稀土元素的生物效应和负离子效应。

该材料可加工为室内内墙材料和天花板制品，以发挥其环境净化和保健作用。

4. 电磁波屏蔽材料

在高信息化时代，为了防止电磁波干扰和计算机泄漏引起精密仪器误操作，根据电磁波不发生散射的反射理论，应提高电磁屏蔽的效果。玻璃表面涂覆高电导率薄膜是必要的，但增加电导率会降低可见光的透过率。因此，在导电膜的电磁波反射函数中加入了介质膜的干扰，从而在达到静态电磁屏蔽效果时可以透射光。

目前已研制出一种具有50%可见光透过率、35～60dB特性的电磁屏蔽玻璃。

（三）循环再造绿色物料

木材是一种典型的可再生绿色材料，自古以来就被用作建筑材料和装饰材料，到目前为止，木材和基本材料仍然是主要的建筑材料和室内装饰材料。除了天然的、可再生的、可循环利用的和人类对木材的亲和力之外，没有其他的选择。

在世界四大材料-钢铁、水泥、塑料和木材中，只有木材才是真正的绿色材料，才能永远为人类服务，使社会持续发展。

以下材料主要是由天然木材残余物、农作物残渣、工业废料和其他可循环利用的材料与不污染环境的无机或有机高分子材料、可被自然分解或回收利用的装饰材料组合而成。

1. 非木材植物基板

人造板是室内装饰中最重要的材料之一、多年来，其生产主要以木材为原料。随着世界森林资源的短缺和木材供应的日益紧张，人造板的生产受到了一定程度的影响，同时对人造板的需求也逐年增加。针对这种情况，国内外开展了大量的研究开发工作，使绿色装饰材料等非木质植物基板逐渐被广泛应用于建筑工程中。以下是对此的简要说明。

开发以非木材植物资源为原料的绿色人造板生产具有广阔的前景。

非木材工厂的原料主要用于纤维板和废纸板的生产，特别是近年来，由于废水污染控制的日益严格，非木材工厂的原料被越来越多地应用于废纸板的生产中。

纸草板是非木材植物基板中的一种特殊品种。它在生产工艺和产品用途上有别于纤维板和废纸板，与其他类型的纸板被归类为特种板。

竹木基板是一种新型的板材，包括纤维板、废板、胶合板、装饰板、集成板、木材可生产品种，几乎所有的竹材都可以生产，强度也较高。

复合板是指由复合板生产的非木材工厂原料和其他材料，如水泥、石膏等无机矿物材料和非木材工厂生产的复合板等原材料。

2. 纸秸秆板

纸秸秆板是一种由清洁的天然秸秆或麦秸经加热、挤压而成的轻质建筑板材。它可以作为室内装饰材料后的单板和其他方法。它在生产过程中不产生对环境有害的污染物，产品本身不含有害物质，去除后再使用，仍然可以回归自然，因此，纸秸秆板是一种绿色材料。

纸秸秆板的生产工艺具有设备简单、能耗低、胶水少等特点。在生产中，没有蒸汽、煤和水，只有电力消耗，能源消耗很少。

稻草板的生产工艺流程为：稻草→开捆→立式进料→侧向挤压→进入冷挤压成型机→进入热挤压成型机→稻草板坯→进入覆纸热压机→稻草板坯表面覆纸→纸面稻草板切割→封边机封边→产品。

纸秸秆板具有良好的物理性能，具有一定的保温、隔声、防晒、防雨、冷冻等基本能保持原有的性能。本板可加工，可用于锯、钉、胶、琴等。它是一种理想的墙体材料，也可用于屋面板、天花板和各种活动房屋。经过表面装饰处理，可用于室内天花板、门、隔墙等装饰材料中，稻草板在住宅建筑中的主要功能是作为隔墙，有简单的隔墙、黏合隔墙、龙骨隔墙。

3. 植物纤维喷涂层

植物纤维喷涂涂料是以植物纤维为骨料，经过破碎、染色、防火、吸声等处理而成的涂料。通过对植物纤维喷涂涂料的“健康、环保和安全”评价，可以证实植物纤维喷涂涂料符合国际公认的绿色建筑材料标准。目前，该产品已被权威环保组织（EPA）授予环保产品证书。

植物纤维材料通常采用干喷法。植物纤维材料可以直接喷涂在混凝土、砖、木、石膏和金属材料的表面，也可以涂在其他喷涂产品的表面。在喷涂施工中，应不断搅拌黏结材料，使黏结剂不沉淀、脱层。此外，施工环境的温度不宜过低，以防止黏结剂的冻结和影响黏结性能。

（1）万能纤维喷涂

本产品能满足大多数用户对建筑保温和隔音的要求。同时，它也可以直接用于室内的建筑表面装饰，赋予建筑以地毯质感的装饰艺术特征。本产品有6种标准颜色，即黑色、灰色、奶白、黄色和棕色，供用户直接选择，也可根据用户的要求进行配色。产品在天花板上的涂层厚度可达76mm。

目前，该产品已应用于多个建筑装饰工程，典型的体育场馆、礼堂、商场、演播室、博物馆、展览中心及各种娱乐场所。此外，本品还可用于特殊场合，如室内游泳池、溜冰场等，以防止水蒸气在金属、混凝土等表面凝结。与传统方法相比，成本更低。

（2）保温纤维喷涂

纤维喷涂涂料主要用于建筑墙体的保温和隔声，可作为建筑物的隐蔽屏障材料。例如，在对建筑物内部进行最后装饰之前，该产品可用于喷涂墙板上的裂缝和孔，并覆盖所有暴露在墙上的管道、电缆和其他不规则附件。形成连续的纤维喷涂涂层。这样，一方面进一步提高了墙体的绝热性能，另一方面也有效地控制了墙体的声传播。

涂层的主要性能如下：

1）耐火极限为1h［试验标准为ASTME（美国当局）119］。

2）热导率为0.038W/（MK）。

3）结合强度大于10倍的纤维喷涂涂层的质量（试验标准ASTME736）。

（3）吸声纤维天花板喷涂

涂层可分为两种类型：普通型和增强型。后者可用于需要机械耐磨性的情况下。纤维喷涂层能满足新建或翻新建筑高效吸声和采光的要求。其主要用途是天花板系统吸声喷雾。

1）泡沫塑料板专用纤维喷涂产品的主要性能：

A. 导热系数为0.040W/（m.K）。

B. 吸音系数为0.75NRC（降噪系数）（喷涂层厚25.4mm，基材为固体）。

2）吸音型纤维喷涂涂料的主要性能：

A. 光反射系数为白色73，北极白不小于81（所用测试标准ASTMC523）。

B. 黏结强度（KPA）：普通型＞287，加强型＞431（测试标准ASTME736）。

C. 抗压强度（KPA）：普通型＞192，加强型＞287（测试标准ASTME761）。

抗压强度（KPA）：普通型＞1922，加筋型＞287（试验标准ASTME761）。

本发明的吸音纤维喷涂产品具有以下特点：一方面可为低熔点易燃硬质泡沫塑料板提供表面隔离保护层，以降低泡沫塑料的闪点，改善其表面燃烧特性；另一方面，通过将这两种高热阻材料相结合，进一步提高了材料的隔热性能和隔音性能。

这种特殊的纤维喷涂涂层主要用于冷库、制冷设备、冷却器、金属结构建筑、地下停车场等对保温和音响工程的高要求。

（四）节能绿色装饰材料

节能绿色装饰材料主要是指节能玻璃。节能建筑玻璃的类型如下：

1. 热反射玻璃

金属或金属氧化物薄膜涂覆在平板玻璃表面，具有反射太阳光的功能，主要是在阳光下反射红外光，使玻璃部分阻挡太阳能进入室内，减少室内空调负荷。这种玻璃叫作热反射玻璃. 热反射玻璃也具有很好的装饰功能，有几十种颜色品种和不同的反射率指标。

2. 吸热玻璃

在玻璃制造过程中，在原料中加入金属离子，使玻璃具有吸收太阳能、减少进入室内的太阳能、减少室内空调负荷的功能。这种玻璃叫作吸热玻璃。吸热玻璃是一种彩色玻璃，一般有灰色、棕色、蓝色和绿色。

3. 低辐射玻璃

在平板玻璃表面涂覆了一种特殊的可见光透过率高的金属氧化物膜，在玻璃表面反射远红外光涂层，从而降低了玻璃的热辐射通量。这种玻璃叫作低辐射玻璃. 这是一种新型高效节能玻璃，夏季可减少室外侧向室内热辐射，冬季可减少室内侧热损失。使用时，最好与吸热玻璃相结合，形成保温玻璃，达到最佳的节能效果。

4.空心玻璃

中空玻璃由两个或两个以上的平板玻璃片组成，在玻璃和铝棒之间有一个干燥的空气层或惰性气体层，玻璃的一侧是分子筛，然后用胶水密封。由于空气层的存在，绝缘玻璃的绝缘性能明显优于单片玻璃。隔热玻璃以其优异的隔热性能成为节能玻璃的重要品种。

5.真空玻璃

真空玻璃是两层玻璃之间的真空，中空玻璃的内腔是干燥的空气或惰性气体。可见，真空层中空玻璃的绝缘效果最好。与相同结构的中空玻璃相比，真空玻璃的另一面表面温度与室温相同，而另一面则是热的。真空玻璃的保温原理与恒温瓶相似，除分离对流换热外，还将导热值降低到很低的水平。

（五）复合绿色装饰材料

1.微发泡仿塑料装饰材料

微发泡仿木塑料是指改变内部结构后的塑料，它将过去的结晶结构和无定形结构转变为微发泡结构，附在小泡上的囊泡结构与木材细胞的结缔组织非常相似，具有与木材相似的密度和内部结构（空心泡）。可进行刨削、锯、钉、切、粘等形式的木材加工。采用不同的树脂、配方、加工工艺，可以设计出各种木材纹理，甚至不同的年轮、昆虫眼、树节点，都可以是真正的仿木塑料制品。

微发泡仿木装饰塑料的性能及应用

良好的加工性能。该发泡产品可采用钻孔、锯切、铣削、钉、螺杆紧固、胶合等多种加工方法加工而不断裂、翘曲，可加工成各种规格、形状的型材。它也可以加工成弯曲的轮廓。

出色的环保性能。发泡仿木装饰塑料制品无毒、无味、无害，具有良好的尺寸稳定性和抗跌落冲击性能，其防潮、防火、防虫、隔声等性能也优于木材。

它具有优良的物理和力学性能。与木材相比，该产品表面致密，具有良好的透气性和良好的保温性能。其保温性能比密实非发泡PVC（PVC）产品高40%，比木材高20%。

很好的表面装饰。由于与普通PVC保持相同的表面特性，我们可以采用普通PVC油墨印刷，采用液体凹版印刷技术达到与天然木材相同的效果。

微发泡仿木装饰塑料制品已广泛应用于传统的木材应用领域，如板材、隔板、门窗、书架、壁橱、桌子、椅子和顶盖、电线、电缆管等。

总之，泡沫聚氯乙烯建筑装饰材料（型材，板材，管道等）是最相似的木材性质的聚合物材料。

2.微晶花岗岩

玻璃陶瓷花岗岩装饰材料是目前世界上流行的一种新型高档建筑装饰材料。与天然花岗岩石材相比，具有更灵活的装饰设计和更好的装饰效果。

微晶玻璃花岗岩是采用新的控制晶化技术获得的一种新型装饰材料.具有结构致密、强度高、耐磨、耐腐蚀、质地清晰、色泽鲜艳、无色差、外观不褪色等特点。

目前，玻璃陶瓷花岗岩是最理想的天然石材替代品，适用于墙壁和地板上的装饰材料。玻璃陶瓷花岗岩的装饰材料与天然花岗岩相比具有以下特点：

色泽：根据设计部门和使用部门的要求，我们可以生产各种颜色、色调和混合颜色的装饰材料，特别是可以生产出优雅的纯白板，这不是一种天然的花岗岩，因此，玻璃陶瓷装饰板具有较好的装饰效果。

材料：玻璃陶瓷装饰板的组成与石材相同，均为硅酸盐，材料内部结构以硅灰石为主晶相，故在强度、耐磨性、耐蚀性等方面优于天然花岗岩石材。

环境保护：石材辐射剂量小，对人体有害，而玻璃陶瓷装饰板不含任何辐射剂量，保证了环境不受放射性污染，有利于保护人类的生态环境。

规格：可生产各种厚度、尺寸板、弧形板。

玻璃陶瓷花岗岩迎合了现代社会对亮丽、典雅、豪华装饰的追求，顺应了新型高档、典雅、高贵建筑材料的发展趋势。它是世界上最理想的机场、银行、地铁、酒店、别墅和私人房间的装饰板。

3. 文化石

文化石是一个总称，可分为自然文化石和人工文化石两大类。前者就像古代建筑上的墙砖，具有表面纹理和色彩，经历了沧桑的沧桑，装饰后赋予建筑古典风格的外观，具有远离时代、典雅的特殊情怀；后者具有天然岩石的质地和颜色，其混凝土可分为仿砂岩、仿花岗岩、模拟沉积岩、仿鹅卵石和仿条纹石三种类型。经过装饰，给人一种回归自然、接近山野的感觉。

文化石材广泛应用于酒店门厅、窗台内外、酒吧、壁炉、墙面、酒吧、精品店、咖啡厅、庭院等场所。文化石材以其独特的装饰效果和广泛的应用，越来越受到用户和建材经销商的重视。

文化石材生产的工艺流程为：原料称重、混匀、布成型、清洗、带模固化、脱模、自然固化。

4. 功能地毯

功能地毯的风格和色彩丰富，装饰效果丰富，近年来国外一些科学家也开发出了许多不同功能的现代地毯。

防火地毯：一家英国公司开发并生产了一种防火地毯。它是由特殊的亚麻布制成，具有优异的耐火性能。经过0.5h的火烧，它仍然完好无损，是防水和防虫的。

绝缘地毯：日本科学家推出了一种电子绝缘地毯。地毯具有根据室温自动调节的功能。地毯装有接收装置，接收安装在墙上的温度遥控器每5分钟一次的室温数据。当室温低于要求时，接收装置自动连接电源使地毯发热；室温满足要求时，自动切断电源，停止加热。

电动地毯：这种电动地毯是在德国引进的。它是由科学家和技术人员利用摩擦发电原理研制成功的。当人们踩在地毯上时，就能产生电力，如果与电线相连，就可以用于家用电器和电池。地毯有保温层，对人体是安全的。

真空地毯：捷克公司生产真空地毯。地毯是由一种静电“效应”的聚合材料，不仅自动清除灰尘从鞋底，也吸收灰尘从空气中。

光纤地毯：这种光纤地毯是由美国一家公司生产的，是将腈纶光纤编织成地毯的生产工艺。地毯可以发出各种美丽的闪光图案，不仅可以用来装饰房间，还可以用于舞会和表演照明等功能。当一座公共建筑突然停电时，地毯上会展示箭头来指明道路。

二、家居装饰工艺

（一）及早准备

1. 收集和检查

住宅面积：房屋在长度、高度、宽度上最容易出现问题，即面积缩小的现象，现在城市住宅“一寸土地”，所以需要特别检查。房子的墙是光滑的，垂直的，门窗是直的和光滑的。

检查卫生间是否漏水，施工单位验收需要进行蓄水试验。专业管道的位置是否合理，清管质量是否合理。

检查房间，看看厨房是否有直接照明，自然通风。厨房应配备洗浴池、炉灶和其他设施或预留位置。室内空气质量、绝缘、照明条件均合格。

房子里各种材料的质量都符合标准。

各种室内结构交付的成品是否完好，包括内墙是否平整，地面是否平整干净，窗户周围是否均匀涂有胶水。

2. 调查研究

调查研究主要指装饰风格的发展趋势和建筑装饰的大众化。

装饰风格可分为中国传统风格、现代简约风格、田园风格、后现代风格、中式风格、地中海风格、东南亚风格、美国风格、新古典风格和日本风格。

中国传统风格：以明清风格家具为代表，装饰风格典雅，有着浓浓的怀旧气息。书法绘画、对联、台石椅、八仙人桌、条纹、屏风隔断、瓷瓶陈设等是中国传统风格的主要元素。

现代中国风格比较自由，装饰可以是绿色植物、布艺、装饰画，以及不同风格的灯具。新的中式风格不仅限于旧屏风和红木家具，还包括造型、精神、色彩等。

造型：一丝不苟的中国家具，古典简约适用于新型木制家具。

神：就是，模仿明清风格的桌椅，用国画横幅，渲染古色古香的气氛，再用一些中国特色的图画或装饰品。

色彩：在中式中指的是红色，“中国红色”是富有吉祥、温暖而无拘无束的感觉。

装饰可以有多种风格，但主要装饰在空间或中国画、宫廷彩灯和紫色陶器等传统装饰品中，装饰的数量可能不多，但在空间中可以起到点缀的作用。

日本风格（和式）风格：日本风格是从日本早期的和式风格继承而来，与日本独特的木结构建筑相辅相成。空间造型极为简洁，家具以茶几为中心，墙面采用木质构件做正方形，其几何形状和细方形木制推拉门与窗回声，空间氛围简单、柔和。一般不添加琐碎的装饰，更注重实际的功能。

日式风格特色：浅木纹隔断、木质照明、低矮桌子、手绘图画、油漆笛子、器皿、木碗、瓷器等，装饰材料以木材为主旋律，窗户一般不使用窗帘和纸糊，门多为履带式木制滑动门，充分体现了日本风格的典雅、简约的装饰风格。

田园风格：田园风格注重表现自然，不同的田园有不同的性质，每一种都有自己的特色，每一种都有自己的美。

田园风格主要分为英国风格、法国风格和美国风格。

英式风格：英国风格的田园风格的特点主要是以漂亮的布艺和纯正的手工制作为主，布面色彩优美，多以众多花纹为主。破碎的花朵、条纹和苏格兰图案是英国田园风格永恒的支柱。家具材料多采用松木、椿木，生产和雕刻都是纯手工的，非常讲究。

法式风格：法式田源的风格主要体现在家具的白色处理和大胆搭配上，以明亮的色彩设计方案为主要色调。家具的白色处理使家具呈现出古典美，而红、黄、蓝三色的搭配又使家具呈现出古典美。它展现了这片土地肥沃的景观，弯曲的弧形和精致的椅子脚装饰也是法国优雅乡村生活的体现。

美国式风格：美国式田源风格，又称美国式乡村风格，属于自然风格，崇尚“回归自然”。

田园风格在审美上尊重自然，结合自然，在室内环境中努力表现出悠闲、舒适、自然的田园生活，还经常使用天然木材、石头、藤、竹等材料简单的质感，巧妙地设置在室内绿化中，营造出一种自然、朴素、典雅的氛围。

田园风格的主要特点：追求质感简单的天然材料，常在室外砖、木、草等未经修饰的裸露环境下，室内家具还采用杉木、藤、竹、秸秆制作；配有蓝色印花窗帘和床罩等。然后挂在白色的草壁上，这、竹子、纸、铁等材料制成的装饰，可以给房间的乡村增添色彩。

欧洲古典风格：欧洲古典风格高贵典雅，强调华丽装饰，色彩浓郁，造型精致，达到典雅的装饰效果。家具、门、窗等所有漆成白色或其他浅色。门盖用于展示室内的豪华，欧洲壁炉和弯曲的腿家具，古典印刷壁纸，地毯，窗帘和复杂的吊灯，古典绘画装饰浮雕金框架等。桌子上有一些白色的经典石膏雕像。

现代欧洲风格被称为“新古典风格”。现代欧式设计从简单到复杂，从整体到局部，细致的剪裁，金刻。一方面，保留了材料、色彩的一般风格，让人们感受到传统的历史痕迹和丰富的文化遗产；另一方面，摒弃了过于复杂的纹理和装饰，简化了线条。现代欧洲风格更像是一种多元化的思维方式。它结合了浪漫的怀旧情怀和现代人对生活的需求。它兼具奢华典雅和现代时尚，体现了后工业时代个性化的美学观和文化品位。

现代欧洲风格的主要特征是“形式分散的精神聚集”。在注重装饰效果的同时，用现代技法和材料还原古典气质，用古典与现代双重审美效果，完美结合人们在享受物质文明的同时获得精神上的舒适感。

强调风格，其造型设计不是模仿，复古，而是追求神性相似。

采用简化技术、现代材料和加工技术来追求传统风格的一般轮廓。

注重装饰效果，用室内陈设来增强历史文脉特征，往往会模仿古典设施、家具和家具来对比室内气氛。

地中海风格：地中海风格具有独特的美学特征。一般选用自然柔和的色彩，注重空间搭配，充分利用每寸空间，集装饰和应用于一体，避免组合搭配中的琐碎，显得大方自然，散发出古老高贵的田园文化气息。

地中海风格：

拱门和半拱门，马蹄形门窗，白色墙壁，低颜色，简约线条和装饰圆木家具。圆形拱门和走廊通常使用几个连接或垂直的方式，在步行的视图中，感觉的一种延伸。家居的墙面（只要不是承重墙），可以使用半穿孔凿子或全部佩戴凿子的方式塑造室内视野中的窗口。

地中海风格最明显的特点之一是旧漆家具的处理，它除了赋予家具一种有意义的质感外，更能体现出地中海碧海下的天然印记的风蚀。

地中海的颜色的特点是它不必自命不凡。

审美特征：它们大多采用开放的自由空间。

独特的装饰。在构建了基本的空间形态之后，地中海风格的装饰手法也有着非常鲜明的特点。地中海马赛克风格的装饰更加壮丽。主要采用卵石、瓦片、贝类、玻璃珠等材料，切割后结合创意。房间里，窗帘、桌布、沙发套、灯罩等都是低色色调和棉布。简单细小的花朵，条纹，格子图案是主要风格。此外，独特的锻铁家具，也是地中海风格独特的审美产品。同时，地中海风格的家居也注重绿化，攀援植物是家常便饭，小巧可爱的绿色盆栽植物也很常见。

现代简约风格：除了必需品，房间里没有额外的装饰。斯堪的纳维亚板式家具，木质色彩柔和，照明合理使用；以家具、布艺搭配为主，壁面、顶面少做或不处理。

现代极简风格特征：由曲线和不对称线条构成，如花梗、花蕾、藤蔓、昆虫翅膀和各种自然美、波浪形图案等，反映在墙壁、栏杆、窗格和家具装饰中。有些线条柔和典雅，有些线条强烈而富有韵律。整个三维形态与有序、有节奏的曲线相结合．大量的铁构件、玻璃、瓷砖等新技术，以及铁制品、陶器制品等综合利用于室内。注重室内和室外的沟通，尝试引入室内装饰艺术的新理念。

时尚组合风格：目前流行时尚组合，深受工人阶级喜爱。在空间结构上，既现代又实用，又吸收了传统的特点，在古代与现代的装饰与摆设上，中西结合，如传统屏风、茶几、现代风格的壁画、门窗装饰、新沙发等，让人感到别具一格。然而，混合要适度，混合过多会使整个室内感觉非常凌乱。

建筑装饰的流行趋势主要包括装饰材料的趋势、装饰风格和色彩趋势等。新材料和新材料在装饰中的新质感不断涌现，层出不穷。近年来，一些过渡色已成为流行的新趋势，例如：

浪漫的粉红色：新的粉红色稳定舒适，个性丰富。红色没有过去那么夸张了。粉红色既不太公开，也不太可爱，这让男人和女人都产生了一种成熟的感觉。冷色的影响更为明显，同时出现了山湖的新色调，以高亮的色彩和柔和的肤色带来了一丝温暖。

暖橙色：这种颜色在明亮的红胡椒色和砖土的自然色调之间保持平衡。传达出强烈、生动、华丽的意境，表现出更多的自信。皮革深棕色显示出丰富的深，对比纹理。

亮黄色：柔和的中性色调有很强的宽容感，舒适感，让人放松。优雅的颜色，如蜡烛和香槟，增加了温暖和魅力，创造了一种闪烁的氛围。绿色的黄色已经被更阳光、更乐观、更宜人的纯黄色所取代。

中性暖色：颜色更丰满，更有吸引力；色彩齐全，适合不同口味，不同使用场景。新鲜的天然颜色让人联想到动物的皮肤，蛇的皮肤，毛皮和羽毛，增添了强烈的动物吸引力。绿色的影响带来了一个新的方向，卡其色调柔和而轻松，给人一种成熟而复杂的视觉。

动态绿色：这组颜色包括一切，从令人愉快的温暖的黄色绿色到舒缓寒冷的绿松石，创造出既传统又未来主义的图案。它展示了水果和蔬菜的新鲜和可食用特性，提醒我们感受大自然的慷慨。充满活力的果冻状明亮的色彩展示了科技和城市的力量。

海洋蓝色：这组颜色从前几年的天然蓝色演变为复杂的人工合成蓝色，亮闪闪的蓝色是其代表。绿松石、宝石和搪瓷是清晰而真实的，为夸张的蓝色体系增添了一些奇异的色彩，而墨汁般的深蓝色让人想起了抄袭书法的平静和宁静。乐观，闪亮的中间色调展示了摩洛哥瓷砖和马赛克的美丽；蓝宝石，深蓝色和水绿创造了一种罕见的优雅混合。

神秘的紫色：这个颜色包含许多看起来温暖可靠的红色。较冷的蓝紫色带着浆果的柔和而饱满的颜色，朦胧而朦胧。它来自现实生活，每一种颜色都有其微妙之处，而且很容易与房间的每个部分相匹配。容易让人联想到灰烬和矿石的颜色，简单但实用。

中性酷：真正的中性黑色，木炭和灰色有很大的影响。这些颜色集中在柔和、安静的灰色中，从白色到黑色，这些属灵的中性颜色与其他颜色的颜色形成了优雅的对比。漫射的暖色与天然物质密切相关，如煤烟、石头和黏土，它们受到黄色的影响，看起来不再那么冷。

3. 基金准备金

房屋的装修资金大致用于下列部分：水电线路翻新、家具、壁橱墙砖、地板防水、油漆、橱柜、马桶（卫生间、浴缸、洗脸台）、木地板、五金材料、门槛（阳台石）、灯具、窗帘和附件、电器（热水器、空调、烟机、煤气炉）、风扇等）、防盗门、天花板、大小装饰品；装修过程中产生的人工成本；管理费等。根据各项目的大致价格编制预算，以便准备相应的资金。

（二）挑选装修公司

1. 有三种方法可以找到一家装饰公司

找装修公司到家装工程行业市场，这种公司一般有信誉，施工质量高，有严格的材料、施工、价格和验收管理规定；放心省事。

个人商务装饰公司：依托特色服务吸引消费者，如免费设计、先装修后付款；装修档次差异。

街边装修游击队：便宜但非常危险（可以节省30%或50%的装修费用）；“五不”：

没有营业执照，没有营运资金，没有办公室，没有设计师，没有售后服务；有时“滚钱潜逃”，甚至在搬到家里后偷盗、抢劫。

因此，一般应寻求具有资质的装饰公司。

2. 签订合同

在选择了一家好的装饰公司之后，你应该和它签订一份装饰合同，通常包括：

期限协议：一般2间卧室100m²，装修简单，期限35天左右，装修公司以保险为主，一般期限为4550天，如果您急于留下来，可以报名讨论此条款。

付款：一般装修合同，同意支付60美分，经木工验收35人，完成后付款5%。如果按照这样的付款方式，在施工期间超过一半的时间里，你已经向装修公司支付了95%左右的费用，如果后期装修出现了什么问题，很难限制装修公司的顶层资金。因此，建议在签订合同时，您可以将首付款压到0，中期支付30%。

临时款：一般合同中商定的付款条件只标为“木工工程的一半”。然而，一个建筑工地往往是多项目交叉施工，正式施工周期应在一半以上：木制品的末端；厨房的墙面、地砖、天花板端；墙面平整端；水电改造结束。

增减工程：在装修过程中，易加减项目，如多做橱柜、更换几米水电路等。所有这些都须在完工时付款。那么这些商品的单价是多少？如果你等到工作完成，这可能是设计。因此，如果可能的话，最好将原装修公司的一份副本复制到完整的报价中，以免签订合同或增减工程，装修公司变更栏目，改变价格。

保修条款：整个装修过程现在主要是手工制造，没有全面的工厂生产，因此不可避免地会出现各种优质的质量问题。在保修期内，装修公司的责任尤为重要。例如，装修公司是承包商包材，全部负责保修，或仅对承包商负责，不负责材料保修，或有其他限制，这些都必须清楚地写在合同中。

水力发电成本：在装修过程中，将水、电、气等用于现场施工。一般来说，到项目结束时，水电费的总和是一个很大的数字，这笔费用应该支付，在合同中也要注明。

施工图：严格按照设计图纸，如果尺寸和设计图的细节不匹配，可以要求返工。

监理和质量检验考勤时间：一般装修公司将各施工队伍完成的项目分开，质量检验人员和监理是装饰公司对其进行监督的最重要的手段，而他们到现场的间隔时间，对工程质量尤为重要。现场监理和质量检验应每2天进行一次，设计也应在3/5天内进行，看现场施工结果与自身设计是否一致。

（三）绿色设计

在总体设计中，应考虑以下几个方面：（1）近似装修成本；（2）住宅结构和现状；（3）家庭成员结构、生活习惯；（4）主要材料和电气设备的选择；（5）装饰风格、照明设计和色彩要求；（6）了解设计人员的工作流程、图纸及收费。

装饰设计是整个装修工程的灵魂，只有贴近业主的实际需要才是一个很好的设计。装饰绝不能复杂、浮华、浪费金钱，不易清洗；注重审美和实用，注重美观而忽视其实用性，会给未来的生活带来不必要的麻烦。

1. 设计理念

总体思路：如何提前构思装修，达到一个基本框架，在此基础上与设计师进行沟通和沟通。如墙面、地板、天花板、灯具、家具、卫生用具等材料、风格、工艺、位置、搭配等，与设计师沟通。

空间与色彩的搭配：空间色彩的组合与搭配，直接关系到宿主的个性修养、个性与偏好。颜色包括红色，橙色，黄色，绿色，蓝色，紫色，有温柔，平静，微妙，神秘，简单，华丽，欢快，忧郁等。要把握色彩的协调性和统一性，在室内营造宽敞、舒适、温暖、和谐、统一的风格，一般在色彩选择上应注意以下几点：天花板的颜色应比墙浅，墙壁的颜色应比地面轻；如果室内自然采光不够，应尽量避免使用暗色；如果光线充足，颜色不应太亮；整个房间的空间光线比颜色低一半；尽量不要在同一空间同时使用三种颜色，如果你想要反映颜色的转换和对比，你可以做一篇关于色彩深度的文章；在搭配色彩时，要考虑自然光和光线具有一定的视觉效果。

2. 照明效果与设计

在日常生活中，辅助照明的重要性已成为不争的事实，目前的照明不再是单纯的照明，而是进一步发挥装饰的作用。即使是一个很普通的房间，由于照明效果特别好，整体效果往往是出乎意料的。初级光，也称为直接光或基光。这种光主要体现在客厅、餐厅、天花板中心等卧室，用于照亮整个房间，光线强度弱，冷暖可根据业主的喜好而定。

3. 总体设计中应注意的几个问题

要注重风格的统一，统一可以说是构成一切事物的形式美和本质美，在装饰中一切都应该围绕一个主题继续进行，而不是盲目的装饰，不考虑整体效果。

避免盲目的比较和模仿。装修要体现自己的个性，避免机械地，有人自己没有独立意见，看别人的装饰效果好，抄袭，或赶时髦，跟着人群，往往在装修好后发现不是自己喜欢的风格。因此，装饰应该有独立的见解，突出自己的兴趣爱好。

避免过分追求高档，不论初等和二级，滥用高档材料；避免一站式，避免“过度装饰”。过度装修是指大量的投资资金，占用室内空间对原有住宅结构造成更严重的破坏，以及使用有毒有害材料等。家装修成一家酒店，餐厅气派雄伟，给人一种庸俗的压抑感，并给日常的清洁、维护带来更大的工作量。因此，要轻装饰，重装饰，简洁大方，让卧室慢慢“成长”。

绿色环保设计：良好的整体设计，应符合安全、健康、舒适和经济，其中安全是最重要的。要实现绿色装饰，设计应注重生态环境，合理利用自然资源，不应过度装修；应注重运用自然色彩和天然材料，回归自然的工作。我们还应考虑到使用者的安全，消除对新装修房屋的生命和健康构成威胁的因素，如煤气中毒、瓦斯爆炸、电火灾、电击等。要充分考虑室内通风、色彩、隔声和抗震，突出南北对流，在设计时不应在门窗附近设置障碍物，如阻碍空气流通。适用于厨房、浴室等部位的空气流通，采用风扇通风等。在设计中还考虑了能源消耗等照明配置，既能满足照明、采暖，又能节约能源。充分考虑到自然采光的应用，在选择玻璃、窗帘等时，应考虑每个季节的光照情况，针对不同的方向和不同的生活习惯进行设计，以保护室内的人们在仲夏不受阳光的照射。同时，我们应该考虑冬季的供暖问题。

（四）绿色装饰材料的选择原则

要实现绿色装饰，材料的选择也要注意以下几个方面的问题。

1. 选材绿色

大多数无机材料不受污染，但有些天然石头具有放射性，应避免在室内或当地使用。对于一些合成地板或板材，油漆易释放有机挥发，在选择此类材料时，应选用ISO 9000系列质量体系认证或绿色标签产品。此外，浴室、厨房等场所，一般潮湿、发霉、发黑、细菌等，应选用防潮、防霉的装饰材料。

2. 绿色材料

材料应该是“简单的”和“少的”。在室内装饰中，有时甚至所有的装饰材料都是环保产品，但室内空气污染物仍超过装修后的标准，这是因为有害物质具有叠加效应。当室内装饰材料堆放到一定程度时，有害物质就会超过人们所能承受的范围。因此，室内装饰应避免大面积的合成木器或塑料制品，应与几种绿色装饰材料搭配使用。

3. 材料的视觉效果应该是绿色的。

装饰材料比例不协调，色彩不统一，给人们的视觉造成凌乱、疲劳感，造成视觉污染。例如，在小房间中采用大尺寸装饰材料，比例不平衡；在低房间安装水晶宫吊灯，空间比例不平衡；在电视背景壁饰中使用色彩更多，图案更花哨，容易使人视觉疲劳等。这些视觉污染对人们的精神和健康造成了极大的危害。因此，在装饰设计中应充分考虑材料的尺寸、质地、图案、色彩等，合理科学的设计、搭配，才能达到典雅美观，才能实现视觉绿色。

（五）绿色建筑

室内装饰倡导专业化，减少工厂道路现场作业；严格施工标准，确保施工质量，消除潜在安全隐患；加强现场管理，实现施工文明。在施工阶段，要监督装修公司使用无害的装饰材料，也要注意在完工后打开窗户通风。防止冬季施工中使用氨水作为防冻水泥，因为氨气会随着温度的变化而还原为氨气，缓缓从墙壁释放出来，强烈刺激和伤害感觉系统、呼吸系统和皮肤组织。在铺设石材或瓷砖时，为了提高黏结力和操作方便，施工人员往往在水泥砂浆中添加107胶，其中含有大量的甲醛等致癌物，因此，在施工过程中尽量使用污染严重的胶黏剂。

施工顺序包括以下几个方面。

1. 启动准备

只有在办理物业手续后，才能开始装修，主要包括以下内容：

1）签署物业的装修协议。

2）提供自己的装潢图纸，主要是水力发电道路的非承重墙改造和拆除工程。

3）贴在自己门上的“启动许可证”，是便于财产检验的期限证明。

4）通行证：主要供职工使用，以免在装修期间有非法人员混入小区（每季度收费不同，一般为15元，费用5元，其余10元，装修完毕后，将退还业主。办理人证时，最好带上工人的一寸照片2、身份证复印件1份。

5）装修定金（各小区收取的差额，一般在2000元左右，装修竣工后3个月即可归还业主）。

6）垃圾清除费：这笔费用是用来支付物业清理和装修垃圾的，对装修公司来说是不一样的，一般两家在300元左右，不同的物业公司是不一样的。

2. 结构转换

进入施工阶段，主要拆除第一次，主要包括拆除墙壁、砖石、铲墙皮、拆暖气、拆塑料窗等，特别是当二手房装修时，这部分工作量很大。

门窗改造：旧房子门窗是装饰的主要对象，可根据门窗老化程度进行处理。木门窗如有剥皮、变形、钢门窗如果表面漆膜剥落、主体生锈或开裂，则必须拆除并重做；木门窗如果材质紧凑，表面漆膜完好，可贴在装饰板上，充分利用资源，节约成本。

修缮墙壁、地板和天花板：购房后，业主应要求房屋装修人员对房屋进行实地调查。首先要看墙体、楼面、天花板等的情况，如果有明显的裂缝、脱落或起砂，就应该进行修补处理。主要是消除墙体油、粉状墙漆、用水泥砂浆修补裂缝、孔洞。修复后要刷一支底漆来覆盖，即使底座比较坚固，也要防止碱或潮，然后用比例稀释的乳胶漆来刷。

3. 水电改造

水电线路改造前，应基本完成主体结构。水电改造包括：水路改造、电话线改造、电源插座改造、开关面板改造、有线电视线路改造、网络线路改造。

机柜的第一次测量也应在水电改造和主体拆除这两个环节之间进行。本次调查没有实际内容，但对开发商保留的上喷嘴、排烟机和插座的位置提出了相关建议。这些措施包括：

（1）观察油烟机及插座的位置是否会影响日后燃料排气机的安装。

（2）观察水表是否处于适当位置。

（3）看看喷嘴的位置是否方便日后水槽的安装。

对于二手住宅的水、电管道，由于时间长，一些老化是不可避免的，因此必须对其进行维修。首先检查原水路是否被腐蚀、老化、管道更换不合理，实现管道合理、连接紧密、无泄漏，也便于日后维修。装修厕所前要堵住地漏，先进行浸透试验，如果渗漏，必须再做防水。一些老房子的电路是亮线，存在无序布线、线路老化等现象，存在火灾隐患，装修改造时应按照国家有关标准，使用相应规格的铜线。

水路改造完成后，立即使卫生间防水，厨房一般不需要做防水。

4. 木工

木工主要包括包管、门窗盖、装饰吊顶、粘贴石膏线等木工工作，验收时应注意以下几个方面：

观察间隙：木封线、角线、腰线装饰面板界面不超过0.2mm，线材夹紧角不超过0.3mm，装饰面板与板界面不超过0.2mm，滑动门整体面误差不超过0.3mm。

看看这个结构，就是说，这个结构是直的还是平的。无论是水平的还是垂直的，正确的木工练习都应该是平直的。

看这个角落：这个拐角是否准确。除特殊设计因素外，法向旋转角为90°。

见马赛克：马赛克是紧密和准确的。正确的木马赛克，达到彼此之间的间隔或保持一个均匀的距离。

见弧度：弧度和圆度是光滑的。除了一个单一的，多个相同的形状，以确保形状的一致性。

见柜门：柜门开关正常。当柜门打开时，应操作方便，无异常声音。

见平：应确保木工工程表面平整，无滚筒或破损。

见对称：对称木工项目是对称的。

5. 铺瓷砖，

（1）铺设墙砖的要点：

在基本处理时，应提前一天清理墙壁上的各种物体，并提前一天水湿，如果基层是新墙，当水泥砂浆70%干燥时，进行放电砖、弹性线、贴壁砖。

瓷砖必须在清水中浸泡2h以上才能粘贴，取瓷砖体不要气泡，取出干燥即可使用。

如有管道、灯具、开关、厕所设备等，必须使用整件砖套装，禁止用非整块砖拼凑粘贴。

（2）铺地砖时应注意的事项：

厨房、卫生间应水流坡度、无水、不回水；水试验12h不漏水。铺好地砖后，用硬纸板覆盖砖面，并在砖面上行走至少24h。

（3）接受地砖铺设质量：

1）铺路必须牢固，不得有倾斜、翘曲和空桶。

2）整面平整，平面度误差满足允许偏差要求。

3）关节应致密、直、窄、均匀，无明显错位。

6. 刷墙漆

刷墙清漆的施工顺序：墙面修补刮灰，研磨修补底漆。

7. 厨房天花板

在厨房天花板的同时，厨房天花板应同时安装防潮灯、排气扇（YUBA），否则应留下电线头和洞。由于天花板属于隐蔽工程之一，材料是否符合规格，施工是否规范，很难检验；施工不规范，很容易使屋顶整体或部分坍塌，使天花板成为“屋顶”，因此应特别注意。

8. 橱柜安装

橱柜安装厨房瓷砖前应提前完成挂钩，厨房橱柜和墙面卫生场所的地面清洁干净。

厨房面板将提前安装，并将墙面水力发电路改造成暗管位置标出，以免在安装时撞到管道。

厨房顶部灯的位置应避免挂柜的柜门。

通过增加台下的刺板，可以提高工作台的支撑强度。

9. 木门安装

首先，检查木门组件是否完整，每个部件的尺寸是否正确，将每个设置的门分配到相应的安装位置，并检查门是否与门的大小一致。

装配门套筒：先找出门套和垂直板，根据接头的背面数，界面必须在同一平面上。将胶水涂在接头上，将80mm的木螺钉涂在接头后面的导孔上，用螺旋刀将其拧紧，不要将螺钉直接冲入门套。检查开口之间的尺寸是否正确，接头是否平整、致密和牢固。在门套的背面安装铁片，应使用25mm的攻丝螺钉，钢板间距为300～350mm，钢板与地面的距离为200mm。

门套的安装：整个装配好的门套放置在门孔内，门套用小木条大致固定在门周围。门套的两侧应与墙在同一平面上，然后检查整个门套是否垂直于地面。门套屋顶的两个角度和两个垂直板的角度是否是直角，门套垂直板是否有弯曲，在两端扭曲铁片，使其围绕墙壁。根据铁板上预留孔的位置，用电锤在t壁上钻8mm孔，用小木条堵塞，铁片用80mm木螺丝固定在墙上，门套与墙之间的间隙用小木棒填充。重新检查门套和门是一致的，然后击中发泡胶.

安装门扇：第一，开口铰链槽，铰链槽与门扇两端之间的距离应为扇高度的1/10mm，较重的门应安装3个铰链，铰链槽的深度应为单层铰链的厚度。安装铰链时，使用与铰链匹配的螺丝，螺丝用螺丝刀拧紧，不能直接用锤子驱动螺钉。门上的铰链固定后，门套上的铰链应先拧在一根螺丝上，然后关闭门，以检查门的左右是否与上述裂缝一致，门的开口是否灵活，并在确认其正确后，拧紧其他螺丝。

门锁安装：根据所提供的门锁类型安装到相应位置，锁位从地面高度900~1000mm，安装后门扇、门锁开关灵活，左缝符合规格。

在适当的位置安装门吸管。

10. 木地板安装

木门安装后，地板可以安装。地板安装前，最好让厂家来调查地面是否需要找平或局部平整，地面要清洁，要保证地面干燥。

地板的铺设方法有四种：实木地板可以用龙骨、悬挂、高架、垫层和粘胶直铺在基座上。

试验车间偏差的选择：铺装前应选择和测试地板材料。铺装方向和拼图图案应符合设计要求。

固定地板钉：安装在口处的硬木地板应由榫槽上的30°～45°斜钉固定，硬木地板应先钻孔，硬木地板直径应略小于地板钉直径。地脚钉的长度应是钢板厚度的2.5倍。钉帽应平击，放入板内。

龙骨铺装方法：在龙骨上铺实木地板时，应错开相邻板接缝，纵向装配应紧密相连。

路面必须留着：铺装实木地板时，纵向相邻板应排列严密，侧邻板预留伸缩缝宽度应符合设计要求。

选择定点：实木地板的固定点应符合设计要求。当地板长度小于300mm时，侧壁应有2个定点，长度小于600时为3个定点，长度小于1000mm时为4个定点，小于1500nm时为5个定点。当长度超过1500毫米时，不应小于6个固定点。板的两端应各用一根钉子固定。

粘胶直通去污：使用粘胶直铺方法的底座（垫层）必须平整，无油污。基座（垫子）和地板后部应进行刷，以确保地板的黏结强度。

实木地板平面板应首先进行平面平整，应遵循木纹磨削的方向，磨矿总量应控制在0.3～0.8mm之间。

踢板，要开槽，必须进行防腐处理.

阴、阳，切割角度：木踢板阴、阳角应在装配完毕后，脚板的长度接缝应切割成45°固定在防腐块上，或根据设计要求施工。

偏差限制不应超过标准。

路面必须符合标准，必须进行检查。踢板，要光滑，高度等不均匀。踢板表面应光滑，缝制紧密，高度一致。检查方法：观察和钢尺检查。

11. 铺路墙纸

首先，要处理好墙体，用刮板和砂纸去除墙壁杂质，去除浮土，用石膏粉好磨孔裂缝。如墙面质地柔软或有粉末层，应先刷一层基膜（或又称墙纸配套），底膜可封壁，防水防潮，增加墙纸与墙纸的附着力，墙纸不会脱落。

根据墙壁的高度，剪下壁纸的长度。有两种情况：不需要花墙纸，可根据壁纸的高度增加10cm左右的长度，作为顶部和底部的修剪；需要对壁纸的图案进行对称性考虑，所以裁剪的长度应根据实际情况增加，通常大于10cm。

刷胶液：用刷子刷墙纸背面的墙纸，特别注意周围边缘要涂上胶水，以保证施工质量。涂布墙纸，涂面折叠放置5分钟，使胶水完全通过纸张底部即可贴上。每次刷几个壁纸，然后按顺序张贴。

壁纸结构：用准中心锤测量垂直基准线，按基准线自上而下贴出第一张壁纸，挤出气泡，挤出多余的胶水液，使壁纸平整，接近墙面。

修剪干净：切掉顶部和底部多余的壁纸，刀子要锋利以避免边缘，然后用干净的湿毛巾或海绵蘸在壁纸表面，把胶水完全擦干净，以免墙纸变黄。

电源开关和插座壁纸贴纸：先关掉总电源，然后在整个电源开关或插座上盖上壁纸，从中心点剪出两条对角线，然后有四个小三角形。然后用漂亮的剪刀将多余的墙纸切在电源开关或插座周围。最后用抹布擦掉多余的墙纸黏合剂。

如果壁纸干燥后，壁纸表面出现气泡，则可用刀将壁纸切下，并将胶水注入壁纸内，然后将壁纸压平，以消除墙纸的气泡。

以上主体部分装饰后，还安装灯具、窗帘等，其次是家具、装饰进入宫廷，至此完成整体装饰。

（六）验收

在接受时，应强调下列方面：

1. 壁面

墙面的平整度影响美观程度，不均匀的墙面容易出现裂缝现象，业主可以用肉眼观察或比例尺检查。

2. 电路

用一个小电器来检查电路，比如手机充电器，所有的插座都可以试一试。

3. 水道

再冲几次，看看自来水是否光滑。用水桶把水灌满，倒在地上，看看排水管是否光滑。试试所有的水龙头，看看它们是否灵活。如果房子安装了热水器，一定要试一试，以免冷热水连接向后连接。

4. 木器

木材最重要的是要检查是否有刺激性。

5. 瓷砖

检查瓷砖时，可以用小锤子敲看是否有空鼓的声音，沟槽缝满，瓷砖贴平。

6. 木地板

检查地板马赛克是否整洁，踩上应感到舒适，无噪音。地板上没有额外的胶水，这很重要，否则以后就很难清理了。

三、世界室内装饰的发展趋势

（一）回归自然

用自然的颜色和天然的材料来创造一种清新和宁静的感觉。例如，一些装饰方法将自然景物引入室内实践，使室内与室外透明或连接起来，以消除现代环境的冷面，使大自然的生命力和优美融入千家万户。

（二）整体艺术

住宅装饰的整体艺术发展趋势应是把握功能组织关系，即把握空间、形式、色彩、虚拟现实与意境的关系，把握意境创作与周围环境的协调。

（三）高度现代化

近年来，由于室内装饰新技术、新材料、新技术、新美学观点和新装饰理论的出现，人们在居室装饰中越来越显示出对现代社会的充分享受，可以给人们带来新的物质文明和精神文明，追求新的宏观和微观效果。尝试创造艺术和科技的各类渗透与异种混合卧室美化效果，体现自主精神和物为人的目的。

（四）强烈的国有化

通过民族化来体现现代化，是住宅装饰中一种独特的艺术美。毫无疑问，民族化包含着传统，但传统的发展和创新也是民族化的发展和创新。传统是对古典民族化的一种继承，而不是一种静态的遗产。是对古代的模仿，其实也是一种新的继承，但却没有跟上模仿的步伐。

（五）个性化

个性化的趋势主要是打破刻板印象。人的个性、情感、爱好、文化往往是多种多样的，在高科技的现代生活节奏中，人们渴望能够表现出人性，自我精神可以体现出来。这种要求自然要在居室美化、装饰中注入个性，激发兴趣，赋予居室以生命的生命力。

四、室内装饰的基本原理

（一）隐瞒

把房间分成堆和堆。寻找堆中所有可用的空间，包括悬挂碗柜，在墙上挖洞，做壁橱，建架子，关闭桶下的空间，等等。我们必须争取3～5m^3的空间来存放物品。

有条件释放一个储藏室，钉成一层层的货架，像工厂的仓库货架，立体堆叠，这是最经济的。

不要堆放在高高的柜子上。有些人喜欢用衣服，纸箱堆放在橱柜上，这会给人一种杂乱感。挂衣柜是存放家居杂物的最佳场所。

（二）科学性质

生活环境的科学性是指符合人类生理心理要求，有利于身心健康的环境。以照明为例，多少照度合适，哪个方向光线投射好，应该成为生活环境设计的内容。家具的科学展示主要遵循人机工程学的指导，即注重尺寸、高度、厚度、硬、软，以更好地符合人体的结构特征。在儿童房中，屋顶、墙壁和家具的颜色选择，将更多地考虑开发智能、保护视力等特殊要求。

（三）艺术性

近几年来，许多家庭在墙上和桌上更多的是竹子、稻草、玉米皮工艺品。其原因在于：①喜欢它们的古朴、典雅、质地的表现力；②质感粗糙的陈设与质感光洁的墙面、台面相比可以产生动人的魅力。

规模、比例、节奏、对比、统一等是形式美的基本原则。在生活环境中，部分与整体、部分与部分之间的关系应符合这些原则。

（四）文化性质

在过去，许多家庭把大小的黑白照片放在一个相框里，挂在房间最显眼的墙上，但现在这种情况几乎消失了，因为黑白照片大多被彩色照片所取代。框架常常被精美的收藏所取代，但主要原因是人们有了一种新的追求，使他们的家庭更加文化。今天，陈设的内容逐渐转变为书法、绘画、摄影、挂牌、壁纸，橱柜里有古玩、陶器、瓷器；平台上有文具房、盆景、花卉等四大珍宝，秦陶俑、唐朝三色复制品也进入了老百姓的家中。

五、室内装饰的要点

（一）客厅

客厅是客人、聚会、娱乐、家人聚在一起交谈的主要场所，是家居的核心区域，是室内装饰设计的重点，是主人的脸，体现了主人的品位。

装修客厅要求结构合理，视野广阔，活动空间要留出足够的距离。家具主要是沙发、茶几等必备的坐具。沙发一般是相对于茶几，或分组或单独放置。沿着墙面布置橱柜、墙角窗口等空间放置了一簇绿色植物。该区域应尽可能靠近自然光源，以便于照明，照明应以中心区域为主要投影对象。

客厅墙面的装饰是电视背景墙和沙发背景墙，背景墙可以用壁纸、壁画、墙画、瓷砖或木装饰面板进行装饰，在装饰时要突出主人的个性、爱好和原有的审美兴趣。电视背景墙主要是简约典雅的，具有艺术性、科学性和现代性的特点，避免了复杂、凌乱、花哨，否则容易造成视觉疲劳。沙发背景墙常用于不同时期家庭照片的装饰，不仅温暖，而且增强了家庭的感情，不失其独特的特色。

客厅的地板可以用瓷砖或木地板进行装饰，有时也可以用地毯或皮革，应该用统一的材料，相同或相近的颜色来装饰，所以整洁统一。茶几的地板可以使用马赛克的瓷砖或马赛克的木地板，使客厅更加美观，与纺织地毯相比，价格便宜，易于保养。

客厅的灯具应根据装饰风格选择，经常采用具有艺术性或吸水性的吊灯，可使用冷暖的灯光，甚至四季都能表现出一年的灯光；清冷与温暖、强弱交替变化，以增加客厅装饰的灵活性和活力。

客厅中的装饰、陶瓷瓶、布艺、小家具等各种装饰，展现主人的个性和意识。植物丰富的生命力可以给人一种清新、自然的感觉；布料产品可以巧妙地利用客厅的整体空间色彩清新起来。

（二）餐厅

餐厅家具主要是餐桌、椅子和餐柜，它们的摆放必须为人们在房间内的活动留出合理的空间。

餐厅的设计应该以餐桌为中心。餐桌上方的天花板可以升降，形成一个室内用餐的虚拟房间，或者形成一个有漂亮枝形吊灯的餐厅中心。餐厅的灯光应该是温暖的。为了使菜肴更有吸引力，更有食欲，为了增加家庭成员和朋友的温暖感，餐厅的颜色应该主要是明亮的，没有对天花板或墙壁的特殊处理，以及白色或其他有利于反射光线的浅色。你也可以在墙上粘贴普通的壁纸。

（三）卧室

卧室装修布置的基本要求是高度的宁静感和充分的私密性。卧室分为主卧室和二级卧室。主人卧室是主人夫妇居住的房间，是整个房子的重点；二卧室是孩子或其他家庭成员居住的地方，应根据不同的情况进行装饰和装饰。

床是卧室中最重要的家具，要放在卧室的最佳位置。床头柜可放置在床的两侧，台灯可放置在床头柜上阅读。大面积的卧室可以设置床的背景，一般使用木器装饰和布艺，也可以用墙纸，可以营造一种和谐、温馨的卧室效果。睡眠区应该保持简单，不要太多的家具。

有的卧室除了睡觉功能外，还有配饰的功能，包括穿衣、储存、换衣服、看电视等，可以放梳妆台和橱柜、沙发、茶几等。远离窗户是设置床身的最佳场所，在床与窗之间可以安排一些组合柜架，使内部有一个周长，有一个接缝。如果房间里的家具又小，你可以借盆景、家具或墙壁装饰来平衡。

卧室屋顶不应做得太豪华；如果地板高度在2.70m以上，可以做天花板装饰，或中间安装吊灯，周围安装下行灯，可以使整个卧室宽敞典雅，平顶与墙角之间用顶角线区分界限。卧室一般不做木墙裙，如果想做的话，不妨用床背和床头柜、组合柜一起考虑，以形成与卧室家具风格一致的“床背景”。

卧室地板可以多种多样，但最好用木地板和地毯，也有睡眠功能区做地板，使人在视觉上感觉简洁，空间显得宽敞。窗帘和床的颜色，图案应该是一致的，才能产生统一、和谐的美。卧室的颜色多于中色，家具的颜色应与天花板、墙面、地板统一，避免大面积使用反差色、补色。卧室装饰以温馨的色调，有助于促进夫妻之间的感情。

（四）研究

学习是学习的空间，工作一般，所以学习装饰必须创造一个安静、明亮、通风、干燥的环境。有条件时，可以有一个单独的学习；住房面积一般较小，可以用家具或隔间在卧室等学习区域学习工作的使用。

书房天花板、墙壁、地板、家具、窗帘等颜色要安静、典雅，书柜等家具应少点缀装饰线条，家具应整齐摆放，不要拥挤凌乱；家具的大小、颜色和形状应相互呼应，与书房的风格相协调。

（五）厨房

操作平台的高度：在厨房工作时，操作平台的高度对防止疲劳和灵活旋转起着决定性作用。

照明布局：厨房照明需要分为两个层次：一个是整个厨房的照明，另一个是照明的清洗、准备、操作。后者一般是在吊柜下部布置局部灯，设置方便的开关装置，现在的性能一般也有灯饰，烹饪就足够了。

电气设备嵌入橱柜：现在厨房面积比较适中，电器也被带进厨房。冰箱、烤箱、微波炉、洗碗机等布置在橱柜的适当位置，便于打开和使用。

厨房里的短柜：最好做抽屉推拉式的，便于携带和放置，视觉也很好。挂柜一般由多层格、开口柜门或折叠门组成。

充分利用有效空间：可充分利用橱柜与操作平台之间的间隙，放置烹饪所需的一些器具；也可制成简单的百叶窗门，以避免食品加工机、烤面包机和其他灰尘等小电器。

儿童安全：厨房的许多地方应该考虑到预防儿童的风险。例如，应在炉桌上设置必要的护栏，以防止锅碗掉下；各种洗涤产品应放置在低柜下的洗涤剂专用柜内，锋利的刀和其他用具应放在抽屉中，并装有安全开启装置。

能够坐下来工作：坐在厨房里可以做很多工作，这可以放松脊椎，所以你应该建立一个额外的平台来坐和工作。

垃圾处理：厨房垃圾数量大，气味也大，最好放置在方便倾倒和隐藏的地方，如在垃圾桶的短柜门下的洗浴池中，或安装推拉式垃圾抽屉。

（六）厕所

厕所的发展水平是现代文明生活的标志。浴室一般由三个区域组成：洗浴、沐浴和排泄物。主要设施包括一个整容、一个淋浴、一个浴缸、一个厕所（或蹲式厕所）、一个用于洗涤和洗澡的储藏架或储藏柜、一个明亮的大镜子和至少一张椅子或椅子。

卫生间也有通风，如果条件允许，也可以安装烘干机。如果你想在浴室洗衣服，你也应该考虑洗衣机的位置。

本设计基本方便、安全、易清洗、美观。卫生间的水蒸气很重，装饰材料必须以防水材料为主。浴室的墙壁和天花板面积最大，所以应该同时选择防水防腐防霉砖、防水涂料和塑料墙纸等。

六、家居装饰品的选择与摆放

装饰品应根据图案的不同放置，不能过高或过低，一般原则是使它们在第一次视觉上平行线。同时，要注意规模和比例：小茶几不能放大黏土，空墙上挂一个小盘子就会显得小气。如果墙壁是空的，安装一盏壁灯，在壁灯周围挂一组悬挂板。

挂画的内容和风格取决于所处的位置和大小。挂在卧室上的绘画可以采用裸体画等主题，而在客厅不适合挂，具体内容可以根据主人的喜好，花卉是一个很好的运用主题。餐厅挂的主题可以是水果、食物、静物、颜色可以是甜的，尤其是橙色，对人体消化系统有很好的调节功能。然而，下列画作不应挂在卧室内：

1）不应购买太暗或太黑的图片。这些画看上去沉重，沮丧，悲观，缺乏动力。

2）不应购买凶猛的野兽的照片，否则家庭的健康就会很差。

3）不宜挂一幅以上的人物抽象画，因为这会使家庭情绪反复，心理不平衡，容易紧张。

4）不要挂落日的画，因为这样的肖像有减少的效果。

5）挂一幅已故亲属的大头像是不合适的，因为它会让你做一些事情来增加压力。

6）悬挂瀑布之类的画是不合适的，因为它们会使家庭好运重演。

7）不要挂太多的红色肖像，因为它们会使你的家人容易受伤或脾气暴躁。

如果你建立了著名的书画，你必须选择一些活泼、快乐和适合你自己的身份可以悬挂，悲伤的文字或图片不应该被暂停。

（3）孔雀、马等动物，包含所谓的“孔雀开屏”马对成功的意思，如果孔雀不开，马郁闷，就不要买。

（4）风水多用剑，以防恶为主。如果没有邪恶的灵魂，它不一定需要放置。当然，作为收藏展示并不是不可能的，但要注意的是，剑最好不要刀刃，否则很容易引发流血灾难。如果刀刃被切割，一定要把它放在护套或织锦盒里，不要露出刀刃。

（5）有些人喜欢竖立佛像或观音雕像，主要是为了驱除邪灵。如果事业不成功，精神虚弱，食欲不佳，放佛或观音，佛或观音祝福，心理寄托，容易取得好结果。

采用上述绿色装饰材料，绿色设计，绿色建筑进行绿色装修，使居室绿色环保，但绿色不代表零污染，装修房屋也应经常通风，摆放有益花卉。

通风是防治污染最有效、最经济的方法。一方面，新鲜空气的稀释可以稀释室内污染物，这有利于室内污染物的排放；另一方面，有助于尽快释放装修材料中的有毒有害气体。

参考文献

[1] 张粉芹．建筑装饰材料 [M]．重庆：重庆大学出版社，2013.
[2] 韩静云，建筑装饰材料及其应用 [M]．北京：中国建筑工业出版社，2010.
[3] 葛新亚，建筑装饰材料 [M]．武汉：武汉理工大学出版社，2014.
[4] 曹文达，建筑装饰材料 [M]．南昌：江西科学技术出版社，2016.
[5] 廖红，建筑装饰材料手册 [M]．南昌：江西科学技术出版社，2004.
[6] 王向阳，建筑装饰材料与应用 [M]．沈阳：辽宁美术出版社，2009.
[7] 魏鸿汉，建筑装饰材料与构造 [M]．北京：中央广播电视大学出版社，2008.
[8] 孙以栋，建筑装饰设计基础 [M]．北京：中央广播电视大学出版社，2014.
[9] 陆丽颖，张晓川，王斌，等。建筑装饰材料与施工工艺 [M]．北京：东方出版中心，2008.
[10] 钱海月．建筑装饰表现技法 [M]．．上海：上海交通大学出版社，2007.
[11] 庄裕光，胡石，中国古代建筑装饰装修 [M]．苏州：江苏美术出版社，2007.
[12] 王向阳，林辉，梁骏．建筑装饰材料 [M]．沈阳：辽宁美术出版社，2006.
[13] 孔铮桢，陶瓷造型设计概论 [M]．重庆：西南师范大学出版社，2011.
[14] 陈锦、中国陶瓷 [M]．南昌：江西出版集团，2009.
[15] 周淑兰。中国陶瓷纹饰 [M]．北京：中国工艺美术出版社，2009.
[16] 程金城．中国陶瓷美学 [M]．兰州：甘肃人民美术出版社，2008.
[17] 李菊生，李青，艺术陶瓷创造与技法 [M]．上海：上海书店出版社，2012.
[18] 王建中，玻璃艺术 [M]．哈尔滨：黑龙江美术出版社，2011.
[19] 石新勇，杨建军，陈璐安全玻璃 [M]．北京：化学工业出版社，2006.
[20] 王君．隔断与艺术玻璃 [M]．郑州：中原农民出版社，2004.
[21] 徐峰，王惠明．建筑涂料 [M]．北京：中国建筑工业出版社，2007.
[22] 李炜，家居开运秘笈饰品．织物 [M]．武汉：华中科技大学出版社，2012.
[23] 徐玉党室内污染控制与洁净技术 [M]．重庆：重庆大学出版社，2006.
[24] 俞磊，家庭环保装修指南 [M]．北京：知识产权出版社，2003.

[25] 黄金凤，杨洁，居室建筑装饰设计 [M]. 南京：东南大学出版社，2011.
[26] 戴志坚. 传统建筑装饰解读 [M]. 福州：福建科学技术出版社，2011.
[27] 叶斌，装饰设计空间艺术 [M]. 福州：福建科学技术出版社，2013.
[28] 朱小平，朱丹，中国建筑与装饰艺术 [M]. 天津：天津人民出版社，2013.
[29] 巨天中. 家居风水宜忌 [M]. 北京：中国建材工业出版社，2005.
[30] 鲁晨海，论中国古代建筑装饰题材及其文化意义 [J]. 同济大学学报，2012，23 (1)：27-36.